A MATEMÁTICA DO ENSINO FUNDAMENTAL APLICADA EM VÁRIAS SITUAÇÕES DO COTIDIANO

Editora Appris Ltda.
1.ª Edição - Copyright© 2020 dos autores

Catalogação na Fonte
Elaborado por: Josefina A. S. Guedes
Bibliotecária CRB 9/870

N244m
2020

Nascimento, Sebastião Vieira do
A matemática do ensino fundamental aplicada em várias situações do cotidiano / Sebastião Vieira do Nascimento. - 1. ed. - Curitiba: Appris, 2020.
147 p. ; 23 cm. - (Ensino de ciências).

Inclui bibliografias
ISBN 978-65-5820-139-7

1. Matemática (Ensino fundamental). I. Título. II. Série.

CDD - 372.7

Livro de acordo com a normalização técnica da ABNT

Appris editora

Editora e Livraria Appris Ltda.
Av. Manoel Ribas, 2265 - Mercês
Curitiba/PR - CEP: 80810-002
Tel. (41) 3156 - 4731
www.editoraappris.com.br

Printed in Brazil
Impresso no Brasil

Sebastião Vieira do Nascimento

A MATEMÁTICA DO ENSINO FUNDAMENTAL APLICADA EM VÁRIAS SITUAÇÕES DO COTIDIANO

PREFÁCIO

No dia em que este livro chegar às livrarias, o caro leitor (ou aluno) irá perguntar a si mesmo: "se já existem no Brasil tantos livros escritos sobre a Matemática do ensino fundamental, por que mais um?". Já que existem vários motivos para uma pessoa escrever um livro, é difícil responder à pergunta.

No meu caso, porém, existiam dois motivos fortes. O primeiro, uma preocupação antiga com o que chamo certos autores de verdadeiros massacradores de cérebro. E o segundo, em virtude da literatura existente em língua portuguesa sobre a Matemática do ensino fundamental aplicada à vida, apresentar livros excelentes em determinados assuntos ou incompletos em outros. Desse modo, torna-se necessário o leitor (ou aluno) recorrer às diversas obras existentes para obter um embasamento total da matéria.

A primeira preocupação levou-nos a escrever este livro para transmitir conhecimentos, e não para mostrá-los – o que é próprio dos massacradores de cérebro. O segundo motivo levou-nos a uma tarefa árdua: incluir em um único volume o que com algumas dificuldades encontra-se em vários livros de Matemática do ensino fundamental.

Para que servem realmente as equações de 1º e 2º graus, os divisores de um número, o máximo divisor comum etc.? Parafraseando o professor a. P. Ricieri, talvez o caro leitor responda: se pensar nessa pergunta baseando-me naquilo que me "ensinaram" nas escolas "chatas" da vida, afirmaria: para nada! No entanto, pensando melhor sobre o assunto, responderia: para ser cobrada nas provas. Porém, meditando compenetradamente sobre o tema, diria: está aí algo que realmente não sei.

Não sei se o aluno que está frequentando, ou aquele que já frequentou a escola do ensino fundamental, concorda com a resposta. Sinceramente, concordo. Concordo, porque durante o período que frequentei a escola do ensino fundamental (antigos primário e ginásio) em momento algum tive a oportunidade de ver, em sala de aula, uma só aplicação da Matemática ensinada.

Após muitos anos pesquisando em livros, revistas e entrevistando pessoas dos setores agrícola, industrial e de serviços, pôde-se constatar que existem muitos problemas com os quais nos defrontamos no dia a dia que podem ser resolvidos com os assuntos supracitados. E, por meio dessas pesquisas, chegou-se às seguintes conclusões:

A aversão que o aluno tem à Matemática decorre da distância que o ensino fundamental guarda da realidade em que vive;

Já que o aluno não consegue fazer a conexão entre o que aprende e suas necessidades do dia a dia, daí vem o desinteresse e, em consequência, aversão à Matemática;

Toda a Matemática do ensino fundamental é importante para a vida do aluno, mas da forma como é "ensinada" não serve para nada.

Para que ensinar os assuntos supracitados somente pelo fato de esses assuntos fazerem parte do currículo do ministério da educação? Para mim é coisa que, isolada, não significa absolutamente nada. Pior: atrapalha a carreira de muitos jovens.

Como podemos esperar algum resultado do ensino da Matemática, se cujas ementas não mencionam aplicações? Ou será que o que consta nas ementas é apenas para ser cobrado nas provas? Como seria estimulante, para todos os alunos, se o professor mostrasse o quanto é poderoso e fundamental naquilo que estão aprendendo.

Pelas conclusões às quais se chegou, recomenda-se aos senhores professores do ensino fundamental que, ao ensinarem os assuntos supracitados, procedam de tal modo que os alunos tenham uma formação de conceitos e princípios lógicos e práticos e, além disso, tenham como finalidade a resolução de problemas do dia a dia.

Se antes, no ensino fundamental a Matemática não se processava de tal modo, em virtude de os professores não terem ao seu alcance o material necessário para alcançar tal objetivo, agora, com o presente livro em mãos, temos plena certeza de que, futuramente, três coisas irão acontecer na escola do ensino fundamental:

A distância irá diminuir bastante, entre o ensino da Matemática e a realidade em que vivem os alunos;

O aluno irá conseguir fazer a conexão entre o que aprendeu e suas necessidades do dia a dia – daí, então, o interesse pela Matemática e, consequentemente, o gosto por ela;

Tudo o que for ensinado máximo divisor comum, divisores de um número, equação do 1º e 2º graus, gráfico da equação do 1º grau etc. Irão servir para solucionar alguns problemas que porventura o aluno venha a se defrontar na sua vida.

Escreveu-se o presente livro com o objetivo de ele ser algo útil ao ensino da Matemática do ensino fundamental não como informação exclusiva a ser cobrada em provas e exames finais. Pois, embora não pareça, aquelas aulas sofridas sobre os assuntos supracitados, há vários anos, em que o professor me mostrava conhecimentos, em Matemática, em vez de transmiti-los. Onde poderia e deveria aplicar aqueles assuntos nas minhas necessidades do dia a dia. Só assim o ensino da Matemática do ensino fundamental de fato seu papel, que é o de preparar o aluno para a vida.

O sistema educacional brasileiro, principalmente o de Matemática, tem sido nos últimos cinquenta anos, dominado pelo que se pode chamar uma fascinação pelo teórico e abstrato. Teorias e técnicas são muitas vezes apresentadas e desenvolvidas sem relacionamento com fatos reais e, mesmo quando são ilustradas com exemplos, apresentam-se de maneira artificial. Fica-se no teórico e abstrato, mencionando que "essas teorias e técnicas servem para isso ou aquilo", ilustrando com exemplos artificiais, manipulados e descontextualizados. Isso é particularmente notado no ensino da Matemática no ensino fundamental. Parafraseando o jornal da ciência – SBPC: "as aulas de Matemática, dos ensinos fundamental e médio no Brasil, são como aulas de culinária na qual não se experimenta o prato no final. Os professores listam os ingredientes na lousa, põe ao fogo, mas não mostram o resultado final.". São raros os matemáticos que contribuem para a construção de uma educação de melhor qualidade no ensino fundamental. O que torna a Matemática muitas vezes chata é que dá a impressão que se trata da aplicação de fórmulas de maneira a ser "memorizada", e "não há espaço para a criatividade". A modelagem consiste, essencialmente, na arte de transformar situações da realidade, em que vive o aluno, em fórmulas Matemáticas cujas soluções devem ser interpretadas na linguagem usual.

A modelagem no ensino fundamental é apenas uma estratégia de aprendizagem, em que o mais importante é caminhar seguindo etapas em que o conteúdo matemático vai sendo sistematizado e aplicado. Com a modelagem o processo de ensino-aprendizagem não mais se dá no sentido único do professor para o aluno, mas como resultado da interação do aluno como seu ambiente natural.

Não é intenção de o autor fazer neste livro uma apologia à modelagem Matemática como instrumento de evolução de outras ciências. Pretende o autor simplesmente mostrar, por meio de exemplos representativos, como esse método pode ser aplicado em várias situações de **ensino-aprendizagem**, com a intenção de estimular alunos e professores de Matemática do ensino fundamental, a desenvolverem suas próprias habilidades como modeladores.

E, nessa compreensão, podemos dizer que a inserção da modelagem no ensino fundamental deve ser compreendida como um meio de evitar que os alunos adquiram a visão e as crenças de ser a Matemática algo necessário somente para o futuro escolar, sem relação alguma com a sociedade e com os seus problemas cotidianos. Com isso, o que se pretende não é apenas ensinar Matemática, mas oferecer subsídios para que atuem e compreendam a sociedade e, ao mesmo tempo, desenvolvam habilidades Matemáticas e saibam argumentar e interpretar modelos matemáticos, num sentido amplo.

A Matemática está presente na vida das pessoas, no trabalho e em várias ações diárias. Porém percebe-se no âmbito escolar, do ensino fundamental, que a Matemática é conceituada como uma disciplina de difícil compreensão e que não desperta o gosto dos alunos. Esse problema pode ser entendido pela falta de ações pedagógicas que atendam ao interesse dos alunos e que as façam estabelecer relações entre a Matemática aprendida em sala de aula e seus usos no cotidiano. Em outras palavras, pode-se dizer que o ensino da Matemática no fundamental, hoje, é pouco motivador, pois se apresenta associado às práticas de reprodução de procedimentos matemáticos, o que não é atraente aos alunos. Considerando esses aspectos, percebe-se que há necessidade de inovação em relação às metodologias de ensino da Matemática no ensino fundamental.

A modelagem Matemática que, no entendimento do autor, pode ser uma metodologia que corresponda aos interesses dos alunos, pois possibilita um aprendizado além do uso de apostilas e livros didáticos, podendo oferecer aos alunos uma forma mais dinâmica e lúdica de aprender os conhecimentos matemáticos. Assim, a modelagem Matemática é uma maneira, no mínimo relevante, a ser considerada em âmbito escolar para a construção e elaboração de conceitos matemáticos no ensino fundamental. Há vários assuntos no programa de Matemática do ensino fundamental que podem ser modelados. Outros não podem, mas tem aplicação no cotidiano do aluno, por exemplo, o máximo divisor comum.

Já que o presente livro é dirigido para aplicação da Matemática que já foi ensinada no ensino fundamental, 8º e 9º anos, os professores, que porventura venham utilizá-lo, deverão apresentar os problemas após ter lecionado os assuntos aqui abordados.

O autor

Não basta ensinar ao homem uma especialidade porque se tornará assim uma máquina utilizável e não uma personalidade. É necessário que se adquira um sentimento, um senso prático daquilo que vale a pena ser empreendido, daquilo que é belo, do que é moralmente correto.

(Albert Einstein)

SUMÁRIO

PARTE I

APLICAÇÃO DO MÍNIMO MÚLTIPLO COMUM EM SITUAÇÕES REAIS

O mínimo múltiplo comum (MMC) nas atividades de um vendedor de cachorro-quente

O professor Manoel, após ensinar aos alunos como achar o mínimo múltiplo comum (MMC) de dois ou mais números, vira-se para a turma:

— Alguma pergunta?

Um dos alunos pergunta:

— Professor, papai tem uma lanchonete e além de fazer outros lanches, ele faz cachorro-quente. Ele me propôs um problema, o qual não consegui resolver. Será que o senhor que é considerado, aqui no colégio, como um dos melhores professores de matemática, poderia resolvê-lo?

— Muito obrigado pelo elogio! Mas, qual é o problema?

— O problema é o seguinte: os cachorros-quentes são feitos com um pão e uma salsicha. Ele foi à padaria e notou que as salsichas vêm em pacotes de 10 e os pães em pacotes de 8. Ele quer saber quantos pacotes de salsichas e de pães deve comprar, para poder fazer os cachorros-quentes, e que não sobre nem salsichas nem pães?

O professor pensa um pouco e diz:

— O problema em si, mesmo não se tratando do assunto da aula, pode ser resolvido usando equação diofantina, assunto que é ensinado no ensino superior. Se não, vejamos:

Sejam x = pão e y = salsicha

Como $8 \times 10 = 80$, logo:

$8x + 10y = 80$ (equação diofantina)

Não vou mostrar como se resolve a equação diofantina, mas resolvendo-a, obtém-se:

x = 5 e y = 4.

Resposta: 5 pacotes de pães e 4 pacotes de salsichas, ou seja, 40 pães (5x8) e 40 salsichas (10x4).

Após a aula o aluno retorna à sua casa, e ao encontrar seu pai, diz:

— Papai, meu professor resolveu o problema.

— Mostre-me!

O pai pergunta ao filho:

— Meu filho, que assunto da Matemática seu professor usou para resolver o meu problema?

O filho responde:

— Uma tal de equação diofantina.

Flagrante da vida real

O pai do aluno vai até ao professor Sebá, e mostra a resolução dada pelo professor Manoel.

O professor Sebá ao ver a resolução, diz:

Para que usar a equação diofantina, para resolver um problema tão simples!

O pai do aluno pergunta:

— E você acha, professor Sebá, que existe uma outra maneira, menos trabalhosa, de resolver o problema?

— Existe! Basta achar o MMC de 10 e 8. Como o MMC de 10 e 8 é 40, logo, basta fazer uma simples divisão: $\frac{40}{10} = 4$ pacotes de salsichas e $\frac{40}{8} = 5$ pacotes de pães.

— O aluno na aula seguinte apresenta, ao professor Manoel, a resolução do problema dada pelo professor Sebá. Ao ver a resolução, dada pelo professor Sebá, o professor Manoel pede aos alunos que procurem outros problemas os quais possam ser resolvidos por meio do MMC.

PARTE II

PROBLEMAS PROPOSTOS

Na aula seguinte os alunos apresentaram, ao professor Manoel, vários problemas que ocorrem no dia a dia, que podem ser solucionados por meio do MMC. Alguns dos problemas sobre MMC apresentados pelos alunos foram os seguintes:

1. Suponha que três amigos a, b e c são viajantes e moram na mesma cidade x. Há uma cidade y na qual os três amigos vendem um certo produto. A cidade y é frequentada por a, de dois em dois meses; por b, de três em três meses e por c, de cinco em cinco meses. Certo dia, os três amigos encontram-se na cidade x. Pergunta-se: se os três amigos continuarem a vender seus produtos, na cidade y, com a mesma frequência, após quantos meses os três se encontrarão na cidade y pela segunda vez?
2. Três pessoas fazem o mesmo serviço: a primeira em cada quatro dias, a segunda em cada seis dias e a terceira em cada oito dias. Se no dia primeiro de janeiro de 1988 as três saíram juntas, quantas vezes as três saíram juntas, até o dia 25 de dezembro de 1988?
3. Da rodoviária da cidade a, saem ônibus para a cidade b, de três empresas. Da empresa x saem ônibus de 10 em 10 minutos; da y saem, de 18 em 18 minutos e da z, saem de 15 em 15 minutos. Todas começam a operar às 6h da manhã. Pergunta-se:
   a. A que horas vão sair novamente juntos?
   b. Quantas saídas de ônibus, de cada empresa, terão ocorrido, quando saírem juntos novamente?
4. Você coloca três réguas coincidindo o extremo onde as três marcam o zero. A divisão da primeira é em 10mm, a da segunda em 12mm e a da terceira em 18mm. Se a régua mais curta é de um metro, quais são as divisões que coincidirão, e quantas vezes?

5. Duas rodas dentadas engrenam uma na outra. A primeira tem 72 dentes e dá 10 voltas por minutos. A segunda tem 48 dentes. Pergunta-se:
   a. Quantas voltas foram dadas, por cada roda, após coincidir a posição inicial?
   b. Quanto tempo levaram, as duas rodas, para coincidir a posição inicial?
6. Você recebe 200 notas de R$50,00. Roubaram-lhe algumas. As que ficaram podem ser contadas em grupos de 4, 6, 9 ou 15 notas. Quantas notas foram roubadas?
7. Numa estrada há marcos de 12km em 12km de um lado e do outro, de 18km em 18km. Num certo ponto da estrada há um marco em frente ao outro. De quantos em quantos quilômetros isso acontece.
8. Suponha que seu pai encomendou uma escada, e ao recebê-la, seu irmão, que é curioso, notou o seguinte: subindo a escada de 2 em 2, de 3 em 3 ou de 4 em 4 degraus, chega-se ao último. Qual o menor número de degraus que a escada pode ter?
9. Numa corrida, o mais rápido dá cada volta em 3 minutos, o outro em 6 minutos e o mais demorado leva 9 minutos. Se saírem juntos às 8h, em que horas passarão novamente juntos pela primeira vez?
10. Duas rodas-gigantes começam a girar, num mesmo instante, com uma pessoa na posição mais baixa em cada uma. A primeira dá uma volta em 30 segundos e a segunda dá uma volta em 35 segundos. Após quantos minutos as duas pessoas estarão, ambas, na posição mais baixa?
11. Supondo que um cometa a atinja o ponto mais próximo da terra em sua órbita, a cada 20 anos, um cometa b a cada 30 anos e um cometa c a cada 70 anos; se em 1985 os três estiveram, simultaneamente, o mais perto possível da terra, quando a próxima ocorrência desse fato se dá?
12. Seja p o único ponto de passageiros que é comum nas duas linhas circulares de ônibus. Dois ônibus, a e b, com velocidades médias iguais, circulam ininterruptamente. O percurso feito pelo ônibus a tem 6 km de extensão, enquanto o percurso feito pelo ônibus

b tem 15 km. Se eles partirem ao mesmo tempo do ponto p, a próxima oportunidade de se encontrarem novamente no ponto p será depois que o ônibus tiver completado quantas voltas?

13. Numa linha de produção, certo tipo de manutenção é feita na máquina a cada 3 dias, na máquina b, a cada 4 dias, e na máquina c, a cada 6 dias. O gerente de produção fez a seguinte pergunta a um professor que ensinava numa escola do ensino fundamental: se no dia 2 de dezembro foi feita a manutenção nas três máquinas, após quantos dias as máquinas receberão manutenção no mesmo dia?
14. Um médico, ao prescrever uma receita, determina que três medicamentos sejam ingeridos pelo paciente de acordo com a seguinte escala de horários: remédio a, de 2 em 2 horas, remédio b, de 3 em 3 horas e remédio c, de 6 em 6 horas. Caso o paciente utilize os três remédios às 8 horas da manhã, qual será o próximo horário de ingestão deles?
15. Em uma casa há quatro lâmpadas, a primeira acende a cada 27 horas, a segunda acende a cada 45 horas, a terceira acende a cada 60 horas e a quarta só acende quando as outras três estão acesas ao mesmo tempo. De quantas em quantas horas a quarta lâmpada vai acender?
16. Uma oficina de consertos de calçados utiliza um determinado tipo de cadarço em três tamanhos diferentes, 40 cm, 50 cm e 75 cm, que são recortados de um mesmo tipo de rolo. Qual a metragem **mínima** que cada rolo deve ter, para que não reste nenhum pedaço no rolo após os recortes?
17. (UNESP) – em uma floricultura, há menos de 65 botões de rosas e um funcionário está encarregado de fazer ramalhetes, todos com a mesma quantidade de botões. Ao iniciar o trabalho, esse funcionário percebeu que se colocasse em cada ramalhete 3, 5 ou 12 botões de rosas, sempre sobrariam 2 botões. Qual era o número de botões de rosas?
18. Num festival de música há 60 sopranos, 30 contraltos e 12 baixos. Pretende-se distribuir os cantores em grupos de modo que em cada grupo, haja o mesmo número de sopranos, o mesmo número de contraltos e o mesmo número de baixos. Qual o maior número de grupos que é possível formar?

PARTE III

RESOLUÇÃO DOS PROBLEMAS PROPOSTOS

1. MMC (2, 3, 5) = 30. Como 30 é o número de meses comum aos três amigos, logo, após 30 meses os três se encontrarão na cidade y pela segunda vez.
2. O MMC (4, 6, 8) = 24. Logo, em cada 24 dias elas saíram juntas. Como o número 1988 é divisível por 4, logo, 1988 foi bissexto. De primeiro de janeiro a 25 de dezembro de 1988 foram decorridos 360 dias. Portanto saíram juntas $\frac{360}{24} = 15$ vezes.

Por falar em ano bissexto, vejamos as curiosidades no calendário sobre os anos bissextos (366 dias) e os anos não bissextos ou anos comuns (365 dias):

Você sabia...

- ... que o calendário gregoriano (o nosso atual calendário) foi criado em 1582 pelo papa Gregório XIII?
- ... que o ano cujo número que o representa se for múltiplo de 100, só é bissexto se for divisível por 400?
- ... que o ano de 1796 foi bissexto, mas o ano de 1800 (4 anos depois) não foi bissexto?
- ... que o ano de 1796 foi bissexto, mas só 8 anos depois que houve um ano bissexto? Porque os anos de 1797, 1798, 1799, 1800, 1801, 1802 e 1803 não foram bissextos. Só foi bissexto o ano de 1804.
- ... que o ano de 1800, mesmo sendo divisível por 4, não foi bissexto?
- ... que o ano de 1896 foi bissexto, mas o ano de 1900 (4 anos depois) não foi bissexto?
- ... que o ano de 1900, mesmo sendo divisível por 4, não foi bissexto?
- ... que o ano cujo número que o representa se não for múltiplo de 100, só é bissexto se for divisível por 4?

3. O MMC (10, 18, 15) = 90 minutos = 1h e 30min.

   a. Logo, sairão novamente juntos: 6h + 1h + 30min = às 7h30min.

   b. Em 90 minutos:

      – da empresa x terão ocorrido: $\frac{90}{10} = 9$ saídas;

      – da empresa y terão ocorridas: $\frac{90}{18} = 5$ saídas;

      – da empresa z terão ocorridas: $\frac{90}{15} = 6$ saídas.

4. O MMC (12, 10, 18) = 180. Logo, de 180mm em 180mm as divisões coincidirão. Como a régua mais curta é de um metro, então, ela tem 1000mm de comprimento. Já que as divisões coincidirão de 180mm em 180mm, e a régua mais curta tem 1000mm, logo, coincidirão: 1000/180 = 5,555... Vezes, ou seja, 5 vezes. As divisões que coincidirão são: 180mm, 360mm, 720mm e 900mm.

5. O MMC (72, 48) = 144. Logo, de 144 em 144 dentes, a posição inicial coincidirá.

   a. A roda grande terá dado: $\frac{144}{72} = 2$ voltas.

      A roda pequena terá dado: $\frac{144}{48} = 3$ voltas

   b. Em 10 voltas, a roda grande gastou 1 minuto.

      Em 1 volta, gastou $\frac{1}{10}$ de minuto

      Em 2 voltas, gastou $\frac{2}{10}$ de minutos

   Como o minuto tem 60 segundos, logo, as duas rodas levaram: $60\left(\frac{2}{10}\right) = 12$ segundos para coincidir a posição inicial.

6. O MMC (4, 6, 9, 15) = 180. Portanto o único número de notas que podem ser contadas em grupos de 4, 6, 9 ou 15, só pode ser 180. Sendo assim, roubaram 20 notas (200 – 180).

   Verificação:

   200 notas de 50 = 10000 (você recebeu)

   180 notas de 50 = 9000 (ficaram)

   20 notas de 50 = 1000 (roubaram)

10000 (total das que ficaram mais as que roubaram é igual ao que você recebeu)

7. O MMC (12, 18) = 36. Como o MMC de 12 e 18 é 36, logo, de 36km em 36km isso acontece.

8. O MMC (2, 3, 4) = 12. Como o MMC de 2, 3 e 4 é 12, logo, o menor número de degraus são 12. E o maior número de degraus? O maior número de degraus é impossível, haja vista que os múltiplos de 12 (24, 36, 48 etc.) Vão até o infinito.

9. O MMC (3, 6, 9) = 18. Como o MMC de 3, 6 e 9 é 18, logo, já que saíram juntos às 8h, passarão novamente juntos pela primeira vez às 8 horas e 18 minutos.

10. Para saber após quantos minutos as duas pessoas estarão (ambas) na posição mais baixa, basta achar o MMC (35, 30). Como o MMC (35, 30) = 210, logo, após 210 segundos as duas pessoas estarão, ambas, na posição mais baixa. Como 60 segundos é igual a um minuto, logo, dividindo 210 segundos por 60, dá o número de minutos. $\frac{210}{60} = 3{,}5$ minutos ou 3 minutos e 30 segundos.

11. Para saber quando a próxima ocorrência desse fato se dá, basta achar o MMC de 70, 30 e 20. Como o MMC (70, 30, 20) = 420, logo, a próxima ocorrência se dá em: 1985 + 420 = 2405.

12. Para saber a próxima oportunidade de se encontrarem novamente no ponto p, basta achar o MMC de 15 e 6. Como o MMC (15, 6) = 30, logo, se encontrarão novamente no ponto p, quando completarem 30 voltas. Como o percurso feito pelo ônibus a é de 6km, logo, dividindo 30 por 6, obtém-se: $\frac{30}{6} = 5$.

    Resposta: depois que o ônibus a completar 5 voltas.

13. A resolução apresentada pelo professor foi a seguinte:

    O que a gente procura?

    Procuramos saber o próximo dia de manutenção comum às três máquinas. Podemos observar um calendário e encontrar os dias de manutenção de cada uma das máquinas.

Dezembro

Segunda	*Terça*	*Quarta*	*Quinta*	*Sexta*	*Sábado*	*Domingo*
1	2 (a, b, c)	3	4	5 (a)	6 (b)	7

Se no dia 2 de dezembro foi feita a manutenção nas três máquinas, e as três máquinas receberam manutenção 14 dias depois, logo, 14 – 2 = 12. Portanto, após 12 dias, as máquinas receberão manutenção no mesmo dia.

Comentários sobre a resolução

Ora, e se tivéssemos mais máquinas, ou se a manutenção demorasse mais dias a acontecer? Demoraríamos muito construindo um calendário e analisando cada situação. Vamos então procurar outro método para a resolução desse problema. Vamos pensar qual o conteúdo matemático envolvido nesse problema, ou seja, o que ele diz matematicamente. Como precisamos encontrar um dia em comum para a manutenção de todas as máquinas, temos que encontrar um múltiplo comum a todos os intervalos de tempo para manutenção de cada máquina. Mas como queremos saber o próximo dia, esse múltiplo deve ser o menor deles, ou seja, procuramos o mínimo múltiplo comum. Temos que determinar o MMC. Entre os números 3, 4 e 6. Dessa forma, temos que MMC. (3,4,6) = 12.

14. A solução do problema é obtida por meio do MMC ou do MDC? Como os três remédios devem ser ingeridos numa mesma hora (horário comum aos três remédios), logo, por meio do MMC. Como o MMC (2, 3, 6) = 6, logo, de 6 em 6 horas os três remédios serão ingeridos juntos. Portanto o próximo horário será às 14 horas.

15. A solução do problema é obtida por meio do MMC ou do MDC? Como as três lâmpadas são acesas ao mesmo tempo (tempo comum às três lâmpadas), logo, por meio do MMC. Já que o MMC (60, 45, 27) = 540, então, as três lâmpadas estarão acesas, simultaneamente, a cada 540 horas. Como a 4ª lâmpada só acende quatro as outras três estão acesas ao mesmo tempo, logo, a 4ª lâmpada vai acender de 540 em 540 horas.

PARTE IV

APLICAÇÃO DO MÁXIMO DIVISOR COMUM EM SITUAÇÕES DO COTIDIANO

O professor de Matemática ensina ao aluno como achar o máximo divisor comum entre dois ou mais números, mas não mostra uma situação-problema com a qual o aluno pode se defrontar no seu dia a dia. O máximo divisor comum não é usando apenas para resolver equações diofantinas, ele pode ser usado em outras situações-problemas. A seguir iremos apresentar várias situações-problemas resolvidas com o máximo divisor comum.

1. Uma enfermeira recebeu um lote de medicamentos com 132 comprimidos de analgésico e 156 comprimidos de antibióticos. Deverá distribuí-los em recipientes iguais, contendo, cada um, a maior quantidade possível de um único tipo de medicamento. Considerando que todos os recipientes deverão receber a mesma quantidade de medicamentos, pergunta-se: qual o número de recipientes necessários para essa distribuição?

   Resolução:

   Como os medicamentos devem ser distribuídos **em recipientes iguais**, contendo cada um, a **maior quantidade possível de um único tipo de medicamento**, logo, basta achar o MDC de 156 e 132. O MDC (156, 131) = 12. Logo, cada recipiente deve conter 12 comprimidos. O número de recipientes é dado pela divisão de 156 por 12 e de 132 por 12.

   $\frac{156}{12}=13$ (recipientes contendo cada um 12 comprimidos de antibióticos)

   $\frac{132}{12}=11$ (recipientes contendo cada um 12 comprimidos de analgésicos)

   Número de recipientes: 13 + 11 = 24 recipientes.

2. Uma floricultura recebeu uma encomenda de rosas, cravos e margaridas. Devem ser montados ramalhetes com o mesmo número de flores e com o maior número possível de flores em cada ramalhete. Sabendo-se que a floricultura possui 150 rosas, 90 cravos e 120 margaridas, pergunta-se:

   a. Quantas flores devem ter cada ramalhete, se a floricultura deseja vender todas as flores?

   b. Quantos ramalhetes a floricultura vai vender?

   Resolução:

   Já que os ramalhetes devem ser montados com o mesmo número de flores e com o maior número possível de flores em cada ramalhete, logo, como a floricultura deseja vender todas as flores, ou seja, não deve sobrar nenhuma, o número de flores de cada ramalhete é dado pelo MDC de 150, 120 e 90. MDC (150, 120, 90) = 30.

   a. Cada ramalhete deve ter 30 flores.

   b. A floricultura vai vender: $\frac{150}{30}+\frac{90}{30}+\frac{120}{30}=12$ ramalhetes

3. Você vai cercar um terreno com 325m de comprimento por 180m de largura, colocando estacas sempre a igual distância. Pergunta-se:

   a. A que distância terá que colocar uma da outra?

   b. Quantas estacas terá que comprar?

   Resolução:

   O MDC (325, 180) = 5.

   a. Logo, a distância entre cada estaca é de 5m.

   b. Como o perímetro é 2x325 + 2x180 = 1010, então, terá que comprar: $\frac{1010}{5}=202$ estacas.

4. Dona Antônia era especialista em fazer empadas. Todas as pessoas do bairro gostavam das empadinhas que ela fazia. Certo dia dona Antônia recebeu três encomendas: dona Joana pediu 200 empadas, dona Isabel, 240 e dona Amélia, 300. Dona Antônia fez as empadas e, quando estavam prontas, ficou pensando como embrulhá-las.

Ela queria que os pacotes fossem **todos iguais** e, além disso, fazer **o menor número possível de pacotes**. Pergunta-se:

a. Quantas empadas dona Antônia deve colocar em cada pacote?
b. Quantos pacotes dona Antônia entregará à dona Joana, quantos à dona Isabel e quantos à dona Amélia?
c. Qual o número total de pacotes que dona Antônia deve entregar?

Resolução:

Já que dona Antônia queria que os pacotes fossem **todos iguais** e, além disso, fazer **o menor número possível de pacotes**, logo, para ela fazer o menor número possível de pacotes deverá colocar o maior número de empadas em cada pacote. Sendo assim, temos que achar o MDC de 300, 240 e 200. Como o MDC (300, 240, 200) = 20, logo:

a. Dona Antônia deve colocar 20 empadas em cada pacote
b. Dona Antônia entregará:

– a dona Joana: $\frac{200}{20} = 10$ pacotes;

– a dona Isabel: $\frac{240}{20} = 12$ pacotes;

– a dona Amélia: $\frac{300}{20} = 15$ pacotes.

c. Dona Antônia deverá entregar: 10 + 12 + 15 = 37 pacotes.

5. Um comerciante compra feijão de três qualidades diferentes. A primeira qualidade vem em sacos de 60kg; a segunda em sacos de 72kg e a terceira em sacos de 42kg. Para vendê-los em sacos de igual peso, sem misturar qualidade, qual o peso máximo de cada saco, a fim de que não sobre feijão de nenhuma qualidade?

Resolução:

Como o comerciante quer vender o feijão em sacos de igual peso, sem misturar qualidade, o peso máximo de cada saco, a fim de que não sobre feijão de nenhuma qualidade, é dado pelo MDC de 72, 60 e 42. Como MDC é 72, 60, 42 = 6, logo, o peso máximo de cada saco deve ser de 6 quilos.

6. Num colégio matriculam-se na 8ª série, 88 meninas e 110 meninos. Se todas as classes devem ter o mesmo número de alunos, e não há classes mistas, pergunta-se: qual o número de alunos por classe qual e qual o menor número de classes que o colégio deverá manter?

   Resolução

   Se todas as classes devem ter o mesmo número de alunos e o menor número de classe, logo, para ter o menor número de classe o colégio dever ter o máximo de alunos por classe. Então, basta achar o MDC de 110 e 88. O MDC (110, 88) = 22 alunos por classe. Para saber o número de classe, basta dividir:

   $\frac{110}{22} = 5$ classes com 22 meninos cada uma.

   $\frac{88}{22} = 4$ classes com 22 meninas cada uma

   Total de classe: 5 + 4 = 9.

7. Sempre que uma pessoa anda 650cm, 800cm e 1000cm, ela dá um número exato de passos. Qual é o maior comprimento possível de cada passo dado por essa pessoa?

   Resolução:

   O MDC (650, 800, 1000) = 50. Logo, o maior comprimento de cada passo pela pessoa é de 50cm.

8. Dona Maria, costureira do bairro, dispõe de duas fitas de tamanhos diferentes. Com uma das mãos, ela mediu as fitas: a primeira tinha 24 palmos e a segunda, 32 palmos. Ela pretende cortar as duas fitas de modo a obter pedaços do mesmo tamanho e que seja o maior possível. Quanto medirá cada fita?

   Resolução:

   Como dona Maria pretende obter pedaços do mesmo tamanho e que seja o maior possível, logo, basta achar o MDC de 32 e 24. MDC (32, 23) = 8. Já que o MDC de 32 e 24 é 8, então, cada fita medirá 8 palmos.

9. Um marceneiro dispõe de 3 tábuas com as seguintes medidas: a primeira com 12m, a segunda com 15m e a terceira com 18m. Ele pretende cortá-las todas em pedaços iguais, e que tenham o maior comprimento possível. Pergunta-se: com medirá cada tábua?

   Resolução:

   Como o marceneiro pretende obter pedaços do mesmo tamanho e que seja o maior possível, logo, basta achar o MDC de 18, 15 e 12. MDC (18, 15, 12) = 3. Já que o MDC der 18, 15 e 12 é 3, então, cada tábua medirá 3 metros.

10. Um outro marceneiro possui duas ripas de madeira: uma com 4m e a outra com 6m. Ele deseja serrá-las em partes iguais de modo a obter o maior comprimento possível. Pergunta-se: qual será esse comprimento?

    Resolução:

    Como o marceneiro pretende serrar as pipas em partes iguais de modo a obter o maior comprimento possível, logo, basta achar o MDC de 6 e 4. MDC (6, 4) = 2. Já que o MDC de 6 e 4 é 2, então, cada ripa terá um comprimento de 2m.

11. Um terreno de forma retangular tem as seguintes dimensões, 24 metros de frente e 56 metros de fundo. Qual deve ser o maior comprimento de uma corda que sirva para medir exatamente as duas dimensões?

    Resolução:

    Como se deseja o maior comprimento, logo, basta achar o MDC de 56 e 24. Já que o MDC (56, 24) = 8, logo, a maior corda deve ter o comprimento de 8m.

12. Uma indústria de tecidos fabrica retalhos de mesmo comprimento. Após realizarem os cortes necessários, verificou-se que duas peças restantes tinham as seguintes medidas: 156 centímetros e 234 centímetros. O gerente de produção ao ser informado das medidas deu a ordem para que o funcionário cortasse o pano em partes iguais e de maior comprimento possível. Como ele poderá resolver essa situação?

Resolução:

Devemos encontrar o MDC entre 156 e 234; esse valor corresponderá à medida do comprimento desejado.

MDC (156, 234) = 78

Portanto os retalhos podem ter 78 cm de comprimento.

13. Uma empresa de logística é composta de três áreas: administrativa, operacional e vendedores. A área administrativa é composta de 30 funcionários, a operacional de 48 e a de vendedores com 36 pessoas. Ao final do ano, a empresa realiza uma integração entre as três áreas, de modo que todos os funcionários participem ativamente. As equipes devem conter o mesmo número de funcionários com o maior número possível. Determine quantos funcionários devem participar de cada equipe e o número possível de equipes.

    Resolução

    Como as equipes devem conter o mesmo número de funcionários com o maior número possível, logo, basta achar o MDC de 48, 36 e 30. Como o MDC (48, 36, 30) = 6. Portanto devem participar 6 funcionários em cada equipe. Já que: $\frac{48}{6} = 8$ $\frac{36}{6} = 6$ $\frac{30}{6} = 5$.

    Número possível de equipe: 8 + 6 + 5 = 19.

14. Um serralheiro deseja cortar um paralelepípedo de 27cm x 45cm x 60cm, dividindo-o em vários cubos de medidas iguais. Qual é a maior medida que esses cubos podem ter?

    Resolução:

    Como o serralheiro quer dividir o paralelepípedo em vários cubos de medidas iguais e, além disso, os cubos devem ter a maior medida, logo, basta achar o MDC de 27, 45 e 60. Já que o MDC (60, 45, 27) = 3. Logo, a maior medida deve ser 3cm.

15. No almoxarifado de certa empresa havia dois tipos de canetas esferográficas: 224 com tinta azul e 160 com tinta vermelha. Um funcionário foi incumbido de empacotar todas essas canetas de modo que cada pacote contivesse apenas canetas com tinta de uma mesma cor. Se todos os pacotes deviam conter igual número

de canetas, pergunta-se: qual a menor quantidade de pacotes que ele poderia obter?

Resolução:

Se todos os pacotes deviam conter igual número de canetas e, além disso, a menor quantidade de pacotes, logo, os pacotes devem ser o maior possível. Nesse caso, deve-se achar o MDC de 224 e 160. O MDC (224, 160) = 32. Como o MDC de 224 e 160 é 32, logo, é 32 a menor quantidade de pacotes.

16. Lúcia fez 36 litros de refresco de uva e 42 litros de refresco de caju. Ela terá de colocá-los em garrafões do mesmo tamanho sem sobrar refresco algum e sem misturar os refrescos. Ela quer comprar os maiores garrafões possíveis. Pergunta-se: de quantos litros deve ser a capacidade desses garrafões e quantos garrafões Lúcia deve comprar?

    Resolução:

    A solução do problema se obtém por meio do MMC ou do MDC? Já que o problema exige os maiores garrafões possíveis, logo, por meio do MDC. Como o MDC (42, 36) = 6, logo, cada garrafão deve ter a capacidade de 6 litros.

    $\frac{42}{6} = 7$ garrafões de 6 litros

    $\frac{36}{6} = 6$ garrafões de 6 litros

    Como 7 + 6 = 13, logo, Lúcia deve comprar 13 garrafões.

17. Para arborizar um terreno retangular, cujas dimensões são 15 e 20 metros, deseja-se plantar árvores, com o mesmo espaçamento e com o menor número de árvores possível. Pergunta-se:

    a. Qual deve ser a distância entre as árvores?
    b. Quantas árvores serão necessárias?

    Resolução:

    Como o plantio de árvores deve ter o mesmo espaçamento e com o menor número de árvores possível, logo, o espaçamento deve ser o maior possível, a fim de que o número de árvore seja o menor possível. Então, basta achar o MDC de 20 e 15. Como MDC (20, 15) = 5, logo:

a. espaçamento: 5 metros
b. 6 ou 14 árvores.

18. Entre algumas famílias de um bairro, foi distribuído um total de 144 cadernos, 192 lápis e 216 borrachas. Essa distribuição foi feita de modo que o maior número possível de famílias fosse contemplado e todas recebessem o mesmo número de cadernos, o mesmo número de lápis e o mesmo número de borrachas, sem haver sobra de qualquer material. Pergunta-se:

    a. Qual o número de família?
    b. Quantos **cadernos** cada família ganhou?

    Resolução:

    Já que a distribuição foi feita de modo que o maior número possível de famílias fosse contemplado e, além disso, todas as famílias recebessem o mesmo número de caderno, lápis e borracha, logo, basta achar o MDC entre os número 216, 192 e 144. Já que o MDC (216, 192, 144) = 24, logo,

    a. 24 é o número de família.
    b. $\frac{144}{24} = 6$ cadernos cada família ganhou

19. Dois terrenos de $21600m^2$ e $16800m^2$ são loteados em lotes iguais com a maior área possível e sem perda de terreno. Qual o número de lotes obtido?

    Resolução:

    Como os terrenos devem ser loteados em lotes iguais e com a maior área, logo, basta achar o MDC entre as áreas. Já que o MDC (21600, 16800) = 2400, logo:

    $\frac{21600}{2400} = 9$

    $\frac{16800}{2400} = 7$

    Número de lotes obtidos: 9 + 7 = 16

20. Três fios têm comprimentos de 36m, 48m e 72m. Deseja-se cortá-los em pedaços menores, cujos comprimentos sejam iguais, expressos em número inteiro de metros e sem que haja perda de material. Qual o menor número total de pedaços?

    Resolução:

    Já que deseja obter o menor número total de pedaços, logo, devem-se cortar os comprimentos 36m, 48m e 72mem pedaços os maiores possíveis. Se é assim, logo, basta achar o MDC entre os números 36, 48 e 72. Já que o MDC (72, 48, 36) = 12, logo:

    $$\frac{72}{12} = 6$$

    $$\frac{48}{12} = 4$$

    $$\frac{36}{12} = 3$$

    O menor número total de pedaços é: 6 + 4 + 3 = 13 pedaços.

21. José possui um supermercado e pretende organizar de 100 a 150 detergentes, de três marcas distintas, na prateleira de produtos de limpeza, agrupando-os de 12 em 12, de 15 em 15 ou de 20 em 20, mas sempre restando um. Quantos detergentes José tem em seu supermercado?

    Resolução:

    Se José arruma os detergentes em grupos de múltiplos de 12, 15 ou 20, e sobra 1, vamos então encontrar o mínimo múltiplo comum entre esses números e adicionaremos 1 ao resultado. Vejamos:

    O MMC (12, 55, 20) = 60

    Os múltiplos de 60 serão também múltiplos comuns a 12, 15 e 20. Vejamos os múltiplos de 60: M(60) = {0, 60, 120, 180, 240, ...}

    Você pode observar que o único dos múltiplos de 60 que se encaixa na quantidade de detergentes do supermercado de José é o 120. Mas falta ainda acrescentarmos aquele detergente que sempre restava, portanto podemos concluir que no supermercado de José havia **121 detergentes.**

PARTE V

PROBLEMAS PROPOSTOS

1. Dispomos de 7 varas de ferro de 6 m de comprimento; 12 varas de ferro de 9,6 m de comprimento e 13 varas de ferro de 12 m de comprimento. Desejando-se fabricar vigotas para laje pré-moldada, deve-se cortar as varas em "pedaços" de mesmo tamanho e maior possível, sabendo também que para a construção de cada vigota são necessários 3 "pedaços". Nessas condições, quantas vigotas obteríamos?
2. Um auxiliar de enfermagem pretende usar a menor quantidade possível de gavetas para acomodar 120 frascos de um tipo de medicamento, 150 frascos de outro tipo e 225 frascos de um terceiro tipo. Se ele colocar a mesma quantidade de frascos em todas as gavetas, e medicamentos de um único tipo em cada uma delas, quantas gavetas deverá usar?
3. O professor de história precisa dividir uma turma de alunos em grupos, de modo que cada grupo tenha a mesma quantidade de alunos. Nessa turma temos 24 alunas e 16 alunos. Quantos componentes terá cada grupo?
4. Três peças de tecidos com as seguintes cores: azul, branca e preta; a peça azul tem 375m de comprimento, a branca, 525m e a preta, 675m. Deseja-se cortar as três peças em pedaços iguais, e cada pedaço com o maior comprimento possível, qual o maior tamanho de cada pedaço e quantos serão os pedaços?
5. Uma faixa retangular de tecido deverá ser totalmente recortada em quadrados, todos de mesmo tamanho, e sem deixar sobras. Esses quadrados deverão ter a maior área possível. Se as dimensões da faixa são 105cm de largura por 700cm de comprimento, qual o perímetro de cada quadrado, em centímetros?
6. "A dengue é uma doença causada por um vírus, transmitida de uma pessoa doente para uma pessoa sadia por meio de um mos-

quito: o aedes aegypti. Ela se manifesta de maneira súbita – com febre alta, dor atrás dos olhos e dores nas costas – e, como não existem vacinas específicas para o seu tratamento, a forma de prevenção é a única arma para combater a doença."[1] assim sendo, suponha que 450 mulheres e 575 homens inscreveram-se como voluntários para percorrer alguns bairros do abc paulista, a fim de orientar a população sobre os procedimentos a serem usados no combate à dengue. Para tal, todas as 1.025 pessoas inscritas serão divididas em grupos, segundo o seguinte critério: todos os grupos deverão ter a mesma quantidade de pessoas e em cada grupo só haverá pessoas de um mesmo sexo. Nessas condições, se grupos distintos deverão visitar bairros distintos, qual o menor número de bairros a serem visitados?

7. Num festival de música há 60 sopranos, 30 contraltos e 12 baixos. Pretende-se distribuir os cantores em grupos de modo que em cada grupo, haja o mesmo número de sopranos, o mesmo número de contraltos e o mesmo número de baixos. Qual o maior número de grupos que é possível formar?

[1] Disponível em: http://www.anchietaba.com.br/portal/canaldamatematica/resolucao/2017/RESOLU%C3%87%C3%83ODA1aAVALIA%C3%87%C3%83ODEMATEMATICA-3EM-UI-2017.pdf. Acesso em: 19 mar. 2020.

PARTE VI

RESPOSTAS DOS PROBLEMAS PROPOSTOS

1. Para a medida de 6m, teremos 5 pedaços.

   Para a medida de 9,6m, teremos 8 pedaços.

   Para a medida de 12m, teremos 10 pedaços

   Mas, devemos lembrar que temos 7 varas de 6m, 12 varas de 9,6m e 13 varas de 12m, portanto o total de pedaços será de: 7*5 + 12*8 + 13*10 = 261. Como para a construção de cada vigota temos que usar três pedaços de ferro, poderemos construir $\frac{261}{3} = 87$ vigotas.
2. Para o medicamento com 120 frascos será necessário 8 gavetas; para o medicamento com 150 frascos, 10 gavetas e para o terceiro tipo com 225 frascos, 15 gavetas. Totalizando uma quantidade mínima de 33 gavetas.
3. Cada grupo terá 8 alunos.
4. Da peça de tecido de cor azul, obtém-se 5 pedaços, da peça de tecido de cor branca, 7 pedaços e da peça de tecido de cor preta, 9 pedaços. Portanto os pedaços serão em número de 5 + 7 + 9 = 21.
5. Lado do quadrado deve ter 15cm e o perímetro do quadrado 140cm.
6. Quanto maior o número de pessoas em cada grupo, menor será o número total de grupos e, portanto, menor será o número de bairros visitados. Então, o número máximo de pessoas por grupo será o MDC entre o número de homens e o número de mulheres, ou seja, MDC 450, 575 = 25 pessoas por grupo. O número total de grupos será o número total de bairros visitados. Como temos 450/25 = 18 grupos de mulheres e 575/25 = 23 grupos de homens, teremos um total de 18 + 23 = 41 grupos e, portanto, 41 bairros visitados.
7. Como cada grupo deve ter o mesmo número de sopranos, o mesmo número de contraltos e o mesmo número de baixos, basta

achar o máximo divisor comum entre 60, 30 e 12; o MDC (60, 30, 12) = 6. Como o MDC entre 60, 30 e 12 é 6, logo, o maior número de grupos é 18 (= 3 x 6).

$\frac{60}{6} = 10$ (6 grupos cada um com 10 sopranos)

$\frac{30}{6} = 5$ (6 grupos cada um com 5 contraltos)

$\frac{12}{6} = 2$ (6 grupos cada um com 2 baixos)

PARTE VII

APLICAÇÃO DOS DIVISORES DE UM NÚMERO EM SITUAÇÕES REAIS DO COTIDIANO

Qual o interesse que o leitor (ou aluno) tem em aprender como achar o número de divisores de um número se o professor não mostra aos alunos a utilidade que eles têm na realidade de cada um? O autor do presente livro descobriu duas propriedades interessantes nos divisores de um número, as quais podem ser usadas em situações da vida real do aluno.

Propriedade 1

Sejam a, b, c e d os divisores, com um algarismo, de um dado número natural. Com os divisores de um algarismo formemos os números com dois algarismos ab e cd, em que **a** e **c** são as dezenas dos números ab e cd; **b** e **d**, as unidades. Se a*c for igual a b*d, então, ab*cd = ba*dc. (onde * é o símbolo de multiplicação). Vejamos um exemplo:

Os divisores de 24 são: 1, 2, 3, 4, 6, 8, 12 e 24.

Com os divisores 1, 6, 2 e 3 (divisores com um algarismo) formemos os números: 13 e 26. As dezenas de 13 e 62 são 1 e 6 e as unidades são 3 e 2. Como 1*6 = 3*2, logo, 13*62 = 806 =31*26, ou seja, 806 = 806.

Com os divisores 2, 1, 4 e 8 formemos os números: 21 e 48. As dezenas de 21 e 48 são 2 e 4 e as unidades são 1 e 8. Como 2*4 = 1*8, logo, 21*48 = 12*84, ou seja, 1008 = 1008.

Com os divisores 3, 2, 4 e 6 formemos os números: 32 e 46. As dezenas de 32 e 46 são 3 e 4 e as unidades são 2 e 6. Como 3*4 = 6*2, logo, 32*46 = 64*23, ou seja, 1472 = 1472.

Com os divisores 3, 4, 6 e 8 formemos os números: 36 e 84. As dezenas de 36 e 84 são 3 e 8 e as unidades são 6 e 4. Como 3*8= 6*4, logo, 36*84 = 48*63, ou seja, 3024 = 3024.

Propriedade 2

Seja ab e cd os divisores, com dois algarismos, de um dado número natural, sendo **a** e **c** as dezenas dos números ab e cd; **b** e **d,** as unidades. Se a*c for igual a b*d, então, ab*cd = ba*dc. Vejamos um exemplo:

Os divisores de 36 com a propriedade 2 são os números 12 e 36, haja vista que os algarismos da unidades são 1 e 6; e os da dezenas são 2 e 3. Como 1*6 = 2*3, logo, 12 x 63 = 21*36, ou seja, 756 = 756.

Você, caro leitor, pode estar perguntando a si mesmo: em que situação da vida real o aluno vai precisar usar essas propriedades? É o que veremos a seguir:

Demonstração das propriedades 1 e 2

Designando por x, y, z e w os algarismos dos números em questão, obtém-se a seguinte expressão:

$$(10x + y)(10z + w) = (10y + z)(10w + z)$$

Tirando os parênteses e reduzindo-se os termos semelhantes, obtém-se:

xz = yw (x, y, z e w são números inteiros e menores que 10).

Para encontrarmos a solução, formaremos todos os pares de algarismos cujos produtos sejam iguais aos de outros pares, a saber:

x*z y*w

1*4 = 2*2

1*6 = 2*3

1*8 = 2*4

1*9 = 3*3

2*6 = 3*4

2*8 = 4*4

2*9 = 3*6

3*8 = 4*6

4*9 = 6*6

Existem, ao todo, 9 igualdades. De cada uma delas pode-se extrair um dos grupos dos algarismos procurados. Por exemplo, da igualdade 1*4 = 2*2, obtém-se:

12*42 = **504** = 21*24

Da igualdade 1*6 = 2*3, obtêm-se duas soluções:

12*63 = **756** = 21*36 e

13*62 = **806** = 31*26

Usando o mesmo processo que essas duas, obteremos as seguintes 14 soluções:

12*42 = **504** = 21*24	23*96 = **2208** = 32*69
12*63 = **756** = 21*36	24*63 = **1512** = 42*36
12*84 = **1008** = 21*48	24*84 = **2016** = 42*48
13*62 = **806** = 31*39	26*93 = **2418** = 62*39
13*93 = **1209** = 31*39	34*86 = **2924** = 43*68
14*82 = **1148** = 41*28	36*84 = **3024** = 63*48

Flagrante da vida real

O pai de João e José deixou como herança, dois terrenos retangulares cada um com área igual a 1148m². João cercou o seu terreno com sete lances de arame farpado e deixou dois metros para colocar uma cancela. Cada lance de cerca tinha 190m (192m – 2m) de comprimento; José disse a João que também cercou o seu terreno com sete lances de arame farpado e deixou dois metros para colocar uma cancela. Só que cada lance de cerca tinha 136m (138m – 2m) de comprimento. José está dizendo a verdade ou ele está mentindo?

Resolução:

Os divisores de 1148, área de cada terreno, são: 1, 2, 4, 7, 14, 28, 41, 82, 164 e 287, 574 e 1148. Pelas duas propriedades os divisores 164, 287, 524 e 1148 não servem, haja vista que cada um deles tem mais de dois algarismos. Os divisores, de um só algarismo, 1, 2, 4, 7 também não servem, haja vista que eles não estão de acordo com a propriedade 1. Os divisores 14, 28, 41 e 82, estão de acordo com a propriedade 2, haja vista que o produto das dezenas de 14 e 28 é igual ao produto das unidades de 14 e 28, ou seja, 4*2 = 1*8. Logo: 41*28 = 82*14 = 1148.

Terreno de José

Área: 41*28 = 1148m²

Perímetro: 2* 41 + 2*28 = 138 metros

Terreno de João

Área: 14*82 = 1148m²

Perímetro: 2* 14 + 2*82 = 192 metros

Conclusão

José está dizendo a verdade e, além disso, como em cada lance de cerca João gastou 190 metros de arame (192 – 2), logo, em sete lances gastou: 7 x 190 = 1330 metros. Como em cada lance de cerca José gastou 136 metros de arame (138 – 2), logo, em sete lances gastou 7 x 136 = 952 metros. Com a aplicação dos divisores de um número, José economizou 378 metros de arame, ou seja, 1330m - 952m.

PARTE VIII

MODELAGEM DE EQUAÇÕES DO 1º GRAU EM SITUAÇÕES REAIS

A modelagem Matemática que, no entendimento do autor, pode ser uma metodologia que corresponda aos interesses dos alunos, pois possibilita um aprendizado além do uso de apostilas e livros didáticos, podendo oferecer aos alunos uma forma mais dinâmica e lúdica de aprender os conhecimentos matemáticos. Assim, a modelagem Matemática é uma maneira, no mínimo relevante, a ser considerada em âmbito escolar para a construção e elaboração de conceitos matemáticos no ensino fundamental.

Há vários assuntos no programa de Matemática do ensino fundamental que podem ser modelados: um deles, por exemplo, é a equação do 1º grau. É o que veremos a seguir.

Exemplos

1. Para encorajar pessoas ao uso do sistema de transporte solidário, o departamento de trânsito, de uma certa região, ofereceu um desconto especial no pedágio para veículos transportando 4 ou mais pessoas. Há trinta dias, durante o horário matinal de maior movimento de carros, apenas 157 veículos obtiveram o desconto. Desde então, o número de veículos com direito ao desconto, aumentou numa razão constante. Hoje, por exemplo, 247 veículos receberam o desconto.

a. Expresse o número de veículos com direito ao desconto, em cada manhã, como função do tempo.

b. Daqui a 14 dias, quantos veículos terão direito ao desconto?

Resolução:

a. Seja x o número de dias transcorridos desde o início do programa e y o número de veículos. A função que relaciona y e x é linear, já que a variação de y é constante em relação à variação sofrida por x. Como $y = 157$, quando

$x = 0$ (início dos 30 dias) e $y = 247$, quando $x = 30$ (hoje, após 30 dias), a reta correspondente passa pelos pontos (0; 157) e (30; 247). O coeficiente angular dessa reta é:

M (coeficiente angular) = $\frac{247-157}{30-0} = 3$

Já que um dos pontos conhecidos é (0; 157), logo, usando a forma **ponto-inclinação da reta:**

$y - y_o = \mathbf{m}\,(x - x_o)$, logo: $y - 157 = 3\,(x - 0)$

a. $\mathbf{y = 3x + 157}$

b. Daqui a 14 dias, são transcorridos 44 dias desde o início do programa, ou seja, (30 + 14). Como $x = 44$, logo, $y = 3\,(44) + 157 = 289$ (veículos).

2. Suponha que você é proprietário de uma empresa. Nela foi realizado um teste psicotécnico, e a média de pontos obtidos, nos últimos anos, tem sofrido um decréscimo constante. Em 1984, a média foi de 582, enquanto, em 1989, foi apenas 552 pontos. Qual será a média de pontos em 1991?

Resolução:

Seja x o número de anos desde 1984 e y a média de pontos. A função que relaciona y e x é linear, pois a variação de y é constante em relação à variação sofrida por x. Como $y = 582$, quando $x = 0$, e $y = 552$, quando $x = 5$, logo, a reta correspondente passa pelos pontos (0; 582) e (5; 552). O coeficiente angular dessa reta é:

$$m = \frac{552-582}{5-0} = -6$$

Usando a forma ponto inclinação, $y - y_o = m\,(x - x_o)$, obtém-se:

$$\mathbf{y = -\,6x + 582}$$

De 1984 a 1991 são decorridos 7 anos. Como x corresponde o número de anos desde 1984, logo, $x = 7$. Substituindo $x = 7$ em $y = -\,6x + 582$, obtém-se:

$$\mathbf{y = -\,6\,(7) + 582 = 540}$$

Resposta: a média de pontos em 1991 será de 540.

Resolução *alternativa:*

Se a reta correspondente passa pelos pontos (0; 582) e (5; 552), logo:

$$0a + b = 582$$

$$5a + b = 552$$

Resolvendo o sistema de equações, obtém-se: a = – 6 e b = 582.

3. A taxa de inscrição num clube de tênis é de R$100,00 para o curso de 10 semanas. Se uma pessoa se inscreve após o início das aulas, a taxa é reduzida linearmente. Quanto uma pessoa pagará ao se inscrever 4 semanas após o início do curso?

   Resolução:

   Seja x o número de semanas transcorridas após o início do curso. A taxa de inscrição por semana é 10 $\left(\frac{100}{10}\right)$. Como a taxa é reduzida linearmente, logo, a taxa (t) de inscrição em função de x é:

   $T(x) = 100 - 10x$

   $T(4) = 100 - 10(4) = 60$

   Resposta: pagará R$60,00

4. Você é proprietário de uma fábrica, e vende certo produto por R$1.100,00. O custo total, para fabricação do produto, consiste em uma taxa fixa de R$75.000,00, mais o custo de produção que é de R$600,00 por unidade fabricada. Pergunta-se:

   a. Quantas unidades você precisa vender a fim de que exista equilíbrio.
   b. Se forem vendidas 120 unidades, você terá lucro ou prejuízo?
   c. Quantas unidades você necessita vender para obter um lucro de R$20.000,00.

   Resolução:

   Seja x o número de unidades fabricadas, r a receita total e c o custo total.

   Receita total = preço vezes número de unidades vendidas.

   Preço por unidade = R$1.100,00

   Número de unidades = x.

Portanto a receita em função de x será r (x) = 1100x

Custo total = custo por unidade fabricada vezes número de unidades fabricadas mais taxa fixa.

Custo por unidade fabricada = R$600,00.

Número de unidades fabricadas = x

Taxa fixa = R$75.000,00

Então, o custo total em função de x, será: c (x) = 600x + 75000

a. Para encontrar as unidades pedidas, basta igualar R(x) e C(x).

   R(x) = C(x)

   110x = 600x + 75000 (equilíbrio)

   x = 150

b. O lucro é a diferença entre R(x) e C(x).

   L(x) = R(x) – C(x)

   L(x) = 1100x – (600x + 75000)

   L(x) = 500x – 75000

   L(120) = 500 (120) – 75000 = – 15000 (como o sinal é negativo, indica prejuízo)

   Resposta: se forem vendidas apenas 120 unidades, você terá um prejuízo de R$15.000,00. Se você deseja obter um lucro de R$20.000,00, logo:

   L(x) = 20000

   Como l (x) = 500x – 75000, então:

   500x – 75000 = 20000

   x = 190

   Resposta: você necessita vender 190 unidades, a fim de obter um lucro de R$20.000,00.

5. Uma loja de peças usadas compra certa peça por R$20,00, mais 8% de seu valor original. Uma outra loja compra a mesma peça por R$80,00. Mais 2% de seu valor original. Pergunta-se:

a. Qual deve ser o valor original da peça, a fim de que seja indiferente você vender em qualquer loja?

b. Para valores originais menores dos encontrado no item **a**, qual loja você venderia a peça usada? E para valores originais maiores?

Resolução:

Seja y_1 a primeira loja e y_2 a segunda. Determinemos a equação, para cada loja, que dá o valor da compra para cada peça. Chamemos x o valor original da peça. Logo, teremos:

$$y_1 = 200 + 0{,}08x = 200 + 0{,}08(10000) = R\$\ 1.000{,}00$$
$$y_2 = 800 + 0{,}02x = 800 + 0{,}02(10000) = R\$\ 1.000{,}00$$

$$y_1 = 200 + 0{,}08x, \text{ se } x = 0, \text{ então, } y_1 = 200$$
$$y_2 = 800 + 0{,}02x, \text{ se } x = 0, \text{ então, } y_2 = 800$$

a. A fim de que seja indiferente vender a peça em qualquer uma das lojas, é necessário que o valor da compra, nas duas lojas, seja igual para um determinado valor original da peça. Ora, o valor da compra nas duas lojas será igual, quando $y_1 = y_2$, ou seja:

$$200 + 0{,}08x = 800 + 0{,}02x$$

Resolvendo, obtém-se: $x = 10000$.

Resposta: se o valor original da peça for R$10.000,00, é indiferente vender a peça usada em qualquer uma das lojas, já que o preço pago é o mesmo. Senão, vejamos:

$$y_1 = 200 + 0{,}08x = 200 + 0{,}08\ (10000) = R\$1.000{,}00$$
$$y_2 = 800 + 0{,}02x = 800 + 0{,}02\ (10000) = R\$1.000{,}00$$

b. Para responder às duas perguntas, teremos que traçar um gráfico para as equações y_1 e y_2.

$$y_1 = 200 + 0.08x, \text{ se } x = 0, \text{ então, } y_1 = 200$$
$$y_2 = 800 + 0{,}02x, \text{ se } x = 0, \text{ então, } y_2 = 800$$

Colocando os valores de x, y_1 e y_2 num mesmo gráfico, obtém-se:

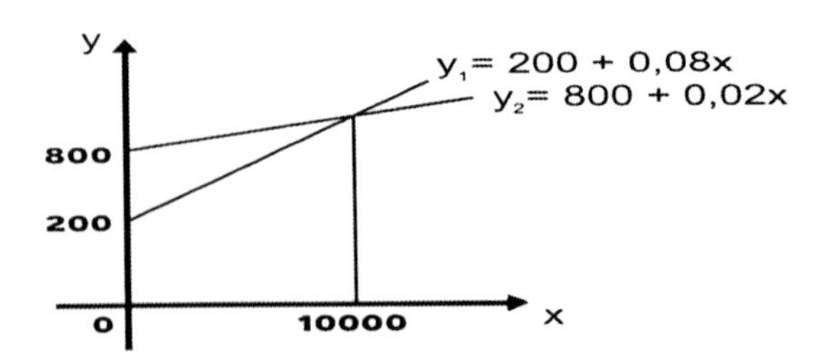

Podemos observar no gráfico que para uma peça cujo valor original seja menor que R$10000,00, é mais vantajoso vendê-la na segunda loja, já que no intervalo entre zero e 10000, a reta y_2 está acima da reta y_1. Já para uma peça cujo valor original seja maior que R$10.000,00 é mais vantajoso vendê-la na primeira loja.

6. Durante uma seca na Paraíba, residentes de Sousa, tiveram que enfrentar terrível falta d'água. Para evitar o uso excessivo de água, a Cagepa (companhia de água e esgoto da Paraíba) aumentou drasticamente a taxa de água. Para os 12 primeiros m^3 de água consumidos no mês, por um consumidor, custavam R$1,500; os $12m^3$ seguintes custavam R$15,00 e, daí por diante, cada m^3 custava R$75,00. Calcule o gasto de um consumidor nos seguintes casos:

   a. Consumo mensal: 10m3

   b. Consumo mensal: 20m3

   c. Consumo mensal: $30m^3$

   Resolução:

   Designemos por x o número de metros cúbicos de água gasto mensalmente pelo consumidor e c (x) o custo correspondente. Se $0 \leq x \leq 12$, o custo mensal será:

   $$C(x) = 1,50\ (1)$$

   Se **$12 \leq x \leq 24$**, cada um dos 12 primeiros metros cúbicos custa R$1,50, e o custo total desses $12m^3$ é de R$1,50 x 12 = R$18,00. Cada um dos (x – 12) metros cúbicos será de **15 (x – 12).** O custo de todos os x metros cúbicos será a soma: **18 + 15 (x – 12).** Logo:

C (x) = 15x – 162 (2)

Se **x > 24**, o custo dos 12 primeiros metros cúbicos é de 1,50 vezes 12 = R$18,00; o custo dos outros 12m^3 será 15 vezes 12 = R$180,00. E o custo dos **(x – 24)** metros cúbicos restantes, será de **75 (x – 24).** O custo de todos os x metros cúbicos será a soma: 18 + 180 + 75 (x – 24). Logo:

C (x) = 18 + 180 + 75 (x – 24) = 75x – 1602 (3)

Combinando (1), (2) e (3), obtém-se:

$$C_{(x)} \begin{cases} 1,50x \text{ se } 0 \le x \le 12 \\ 15x - 162 \text{ se } 12 \le x \le 24 \\ 75x - 1602 \text{ se } x > 24 \end{cases}$$

Resposta:

a. 1,50x = 1,50 (10) = R$15,00
b. 15x – 162 = 15 (20) – 162 = R$138,00
c. 75x – 1602 = 75 (30) – 1602 = R$648,00

7. Uma casa de jogos eletrônicos oferece o seguinte desconto: se a pessoa comprar 4 fichas a R$50,00 cada, poderá comprar outras pela metade do preço. Existe o limite de 8 fichas a serem compradas por pessoa. Quanto a pessoa pagará por 7 fichas?

Resolução:

Seja x o número de fichas compradas e g (x) o gasto correspondente. Se x ≤ 4, o gasto será:

G (x) = 50x. (1)

Se 4 < x ≤ 8, cada uma das 4 primeiras fichas custa R$50,00, e o gasto dessas 4 fichas é de R$200,00 (4 vezes 50). Cada uma das (x – 4) fichas restantes, gasta-se 25 (a metade de 50). Logo, o gasto dessas (x – 4) fichas, será de 25 (x – 4). O gasto de todas as x fichas será a soma: 200 + 25 (x – 4). Logo:

G (x) = 200 + 25 (x – 4) = 25x + 100 (2)

Combinando a (1) e (2), obtém-se:

$$G_{(x)}\begin{cases}50x \text{ se } x \leq 4\\ 25x+100 \text{ se } 4 < x \leq 8\end{cases}$$

Se x é igual a 7, logo:

$$G(x) = 25x+100 = g(7) = 25(7) + 100 = 275$$

Resposta: pagará R$275,00.

8. Suponha que você é proprietário de uma companhia de ônibus de turismo. Para grupos de 35 pessoas no máximo, você cobra uma quantia fixa de R$17.500,00 (35 vezes 500). Para grupos com mais de 35 pessoas, até 70 pessoas, no máximo, cada uma pagará R$500,00 menos R$20,00 por pessoa que exceda 35. Para grupos de 71 pessoas ou mais, você cobrará o menor valor, que é de R$300,00 por pessoa. Quanto você cobrará por um grupo de 68 pessoas?

   Resolução:

   Seja x o número de pessoas do grupo e p (x) o preço cobrado. Se $1 \leq x \leq 35$, você cobrará:

   $$P(x) = 17500 \; (1)$$

   Se $35 < x \geq 71$, você cobrará:

   $$500x - 20(x - 35) = 480x + 700 \; (2)$$

   Se $x \geq 71$, você cobrará:

   $$P(x) = 300x \; (3)$$

   Combinando (1), (2) e (3), obtém-se:

   $$P_{(x)}\begin{cases}17500 & \text{se } 1 \leq x \leq 35\\ 480x+700 & \text{se } 35 < x \leq 70\\ 300x & \text{se } x \geq 71\end{cases}$$

   Se o grupo tem 68 pessoas, logo, p (x) = 480x + 700.

   $$P(68) = 480(68) + 700 = 33340$$

   Resposta: cobrará R$33.340,00.

   Resolução *alternativa:*

Se $1 \leq x \leq 35$, você cobrará R$17.500,00. Logo,

$$P(x) = 17500 \ (1).$$

Se $35 < x \leq 70$, você cobrará: 17500 + 480 (480 = 500 – 20) por pessoa que exceder 35. Logo,

$$P(x) = 17500 + 480(x - 35) = 480x + 700 \ (2).$$

Se $x \geq 71$, você cobrará:

$$P(x) = 300x \ (3).$$

Combinando (1), (2) e (3), obtém-se a mesma solução anterior.

9. Há algum tempo um telegrama contendo 10 palavras ou menos, custava R$8,45 sendo que cada palavra adicional custava R$21,00.
   a. Expresse o custo (c) do telegrama em função do número de palavras
   b. Quanto uma pessoa pagaria por um telegrama contendo 15 palavras?

   Resolução:

   Seja x o número de palavras. Se o número de palavras estiver no intervalo: $1 \leq x \leq 10$, o custo será:

   $$C(x) = 8{,}45x \ (1)$$

   Caso o número de palavras esteja no intervalo $x > 10$, o custo será:

   $$C(x) = 8{,}45x + 21 \ (2)$$

   Combinando a (1) com a (2), obtém-se:

   a. $$G_{(x)} \begin{cases} 8{,}45x \text{ se } 1 \leq x \leq 10 \\ 8{,}45x + 21 \text{ se } x > 10 \end{cases}$$

   Como 15 – 10 = 5, logo, x = 5. Substituindo x na (2), obtém-se:

   $$C(5) = 8{,}45(5) + 21 = 63{,}25 \text{ u.m.}$$

10. Certo projeto para cobrança de imposto territorial prevê que o proprietário de uma pequena casa, pagará R$500,00 mais 5% do valor estimado da casa; outro projeto propõe que o proprietário pague R$1200,00 mais 2,5% do valor estimado da casa. Considerando-se apenas os aspectos financeiros,

a. Expresse o valor (v_1) e (v_2), respectivamente, do imposto do 1º e 2º projetos, em função do valor da casa;
b. Para que valor da casa é indiferente o proprietário escolher um dos dois projetos?
c. Para que valor da casa o 1º projeto é melhor que o 2?
d. Para que valor da casa o 2º projeto é melhor que o 1º?

Resolução:

Seja x o valor estimado da casa:

$$V_1\,(x) = 500 + 5\% \text{ de } x = 500 + \frac{5}{100}x = 500 + 0{,}05x$$

$$V_2\,(x) = 1200 + 2{,}5\% \text{ de } x = 1200 + \frac{2{,}5}{100}x = 1200 + 0{,}025x$$

a. A fim de que seja indiferente o proprietário escolher um dos dois projetos, é necessário que os custos totais dos dois impostos sejam iguais para determinado valor estimado da casa. Ora, os custos dos impostos só serão iguais, quando $v_1\,(x) = v_2\,(x)$, ou seja, $500 + 0{,}05x = 500 + 0{,}05x$. Logo, a fim de que $v_1\,(x) = v_2\,(x)$, o valor de x deverá ser igual a R$28.000,00.
Para responder as letras "c" e "d", você tem que traçar, num só diagrama, os gráficos das equações $v_1\,(x)$ e $v_2\,(x)$, como foi feito no problema 05. Como $v_1\,(x) = 500 + 0{,}05x$, logo, se $x = 0$, então, $v_1\,(x) = 500$. E como $v_2\,(x) = 1200 + 0{,}025x$, logo, se $x = 0$, então, $v_2\,(x) = 1200$. Coloque num mesmo diagrama os valores de x, $v_1\,(x)$ e $v_2\,(x)$. Observe no gráfico que você traçou, que para x menor que R$28.000,00, a reta $v_2\,(x) = 1200 + 0{,}025x$ está acima da reta $v_1\,(x) = 500 + 0{,}05x$. Isso significa dizer que, para x menor que R$28.000,00, o imposto total do projeto v_2 é maior que o do projeto v_1.

b. Se o valor estimado da casa estiver no intervalo: $0 < x < 28000$, é melhor o proprietário escolher o 1º projeto. Analisemos, agora, o gráfico para x maior que R$28.000,00. Observe que, para x maior que R$28.000,00, a reta $v_1\,(x) = 500 + 0{,}05x$ está acima da reta $v_2\,(x) = 1200 + 0{,}025x$. Isso significa dizer, que para x maior que R$28.000,00, o custo total do imposto do projeto v_1 é maior que o do projeto v_2.

c. Quando o valor estimado da casa for superior a R$28.000,00, é melhor o proprietário escolher o 2º projeto.

11. Um zoológico de determinada cidade cobra ingressos aos grupos de visitantes, de acordo com o seguinte critério: cada pessoa, de um grupo com menos de 40 elementos, paga R$150,00; ao passo que cada pessoa, de um grupo com 40 ou mais elementos, recebe abatimento, pagando apenas R$100,00.

    a. Expresse o gasto (g) do grupo, em função do tamanho;

    b. Quanto um grupo de 39 pessoas economizará, caso consiga mais uma pessoa?

    Resolução:

    Seja x o número de pessoas do grupo.

    Se o número de pessoas do grupo estiver no intervalo $1 \leq x < 40$, o gasto do grupo será:

    $$G(x) = 150x \quad (1)$$

    Caso o número de pessoas do grupo esteja no intervalo $x \geq 40$, o gasto do grupo será:

    $$G(x) = 100x \quad (2)$$

    Combinando a (1) e a (2), obtém-se:

    $$\text{Resp. a. } \begin{cases} 150x \text{ se } 1 \leq x < 40 \\ 100x \text{ se } x \geq 40 \end{cases}$$

    $G(39) = 150(39) = 5850$

    $G(40) = 100\,(40) = 4000$

    $G(3) - G(4) = 5850 - 4000 = 1850$

    b) R$1.850,00

12. Durante as férias, um grupo de estudantes alugou uma sala para confeccionar produtos de artesanato. O preço do aluguel foi de R$10.000,00 e o custo do material necessário para cada produto foi de R$500,00.

a. Expresse o custo total do grupo como função do número de produtos confeccionados;
b. Determine o custo total quando 10 produtos forem confeccionados.

Resolução:

A função custo total é dada por:

$$C(x) = ax + b$$

Na qual: C(x) = Custo total em função de x

a = Custo de cada produto

x = Número de produtos confeccionados

b = Constante

Como o custo de cada produto é R$500,00 e o aluguel é R$1.000,00 fixo, ou seja, constante, logo, a = R$500,00 e b = R$1.000,00, logo:

a. $(x) = 500x + 1000$
b. $(10) = 500(10) + 1000 =$ R$6.000,00.

13. Desde o início do mês, um açude de um determinado local, tem sofrido uma vazão constante. No dia 10, o açude tinha 300 milhões de metros cúbicos, e no dia 20 tinha somente 140 milhões de metros cúbicos.

a. expresse a quantidade (q) de água como função do tempo;
b. determine a quantidade de água, no açude, no dia 15.

Resolução:

Dia 10 corresponde a 0 (zero) e dia 20 corresponde a 10. Seja x o número de dias transcorridos desde o início do mês e q (x) a função do tempo. Como a variação de q é constante em relação à x, a função que relaciona q e x é linear, ou seja:

$$Q(x) = ax + b$$

Seja a (xo, yo) = (140, 300) e b (x, y) = (10, 0) os pontos pelos quais passa a reta q (x) = ax + b. O coeficiente angula da reta (a) é dado por:

$$a = \frac{y - y_o}{x - x_o} = \frac{140 - 300}{10 - 0} = -16$$

Como q (0) = 300, logo:

a) q (x) = 300 – 16x

Como do dia 10 ao dia 15 são transcorridos 5 dias, logo, x = 5.

b) q (5) = 300 – 16 (5) = 220

Resposta: a quantidade de água no dia 15 é de 220 milhões de metros cúbicos.

Resolução *alternativa:*

Como (x_0, y_0) = (140, 300) e (x, y) = (10, 0) são os pontos pelos quais passa a reta q (x) = ax + b, logo, o coeficiente angula da reta (a) é dado por:

10a + b = 300

20a + b = 160

Resolvendo o sistema, obtém-se:

a = – 16

Como q (0) = 300, logo:

Q (x) = 300 – 16x

14. A cada 10 anos, um livro raro tem seu valor duplicado. O preço original do livro era R$10.000,00.

    a. Quanto valerá o livro quando tiver 40 anos?
    b. A relação entre o valor do livro e o tempo é linear? Por quê?

    Resolução:

    Podemos organizar o seguinte quadro:

Tempo	**Preço (p)**
Início	P0 = R$10.000,00
10 anos	P1 = R$10.000,00 (2)
20 anos	P2 = 10000 (2) (2) = R$10.000,00 ($2^2$)
X anos	P (x) = 10000 (2x)

a. p (4) = 10000 (2^4) = R$160.000,00.
b. não, porque o preço cresce exponencialmente.

15. Sabendo-se que a medida da temperatura em graus fahrenheit é uma fração linear da medida em graus centígrados, então:
    a. Expresse a temperatura (t) em graus fahrenheit em função da temperatura em graus centígrados. (lembrete: zero grau centígrado é igual a 32 graus fahrenheit e 100 graus centígrados é igual a 200 graus fahrenheit).
    b. Se o termômetro centígrado está marcado 35 graus centígrados, quantos graus está marcando o termômetro fahrenheit?
    c. Se o termômetro fahrenheit está marcado 203 graus centígrados, quantos graus está marcando o termômetro centígrado?

Resolução:

Se c = grau centígrado e f = grau fahrenheit, então, os pontos pelos quais passa a reta são: (0, 32) e (100, 200). Temos, então, o sistema de equações:

$$0a + b = 32$$
$$100a + b = 200$$

Resolvendo o sistema de equações, obtém-se:

$$A = 1{,}68 \text{ e } b = 32$$

a. t (x) = 1,68x + 32
b. t (35) = 1,68*35 + 32 = 90,8
c. como 203 = 1,68x + 32, logo, x = 95 graus fahrenheit.

PARTE IX

PROBLEMAS PROPOSTOS

1. Suponha que você é proprietário de uma fábrica de birôs, e vende cada birô por R$50,00. O custo total de produção consiste em uma taxa fixa de R$600,00 mais o custo de produção de R$10,00 por birô,
   a. Expresse o custo total (c) e a receita total (r) em função do número de birôs;
   b. Quantos birôs você precisa produzir e vender para existir o equilíbrio?
   c. Quantos birôs você precisa produzir e vender para obter o lucro de R$4000,00;
   d. Se você produzir e vender 140 birôs, terá lucro ou prejuízo?
2. Num determinado ano, em virtude do novo plano econômico do governo, os bancos passaram a cobrar talão de cheque. No Banco A, eram cobradas R$50,00 por talão e R$1,50 por cheque utilizado. No Banco B, era cobrado R$25,00 por talão e R$2,50 por cheque utilizado. Em qual banco você abriria sua conta?
3. Suponha que na sua cidade existem dois clubes, e você é sócio dos dois. Há um curso de natação nos dois clubes. No clube A, a taxa de inscrição é R$100,00 e o filho do sócio pode utilizar a piscina pagando R$1,00 por hora. No clube B, a taxa de inscrição é de R$88,00 e cobram, para filhos de sócios, R$1,75 por hora para usar a piscina. Levando-se em consideração apenas a questão financeira, que clube você escolheria para inscrever seu filho?
4. Suponha que você escreveu um artigo, e ele foi publicado num jornal de grande circulação. Você deseja tirar cópias, coloridas e ampliadas, do artigo para enviar aos seus 49 colegas. O preço cobrado, pelo proprietário da Xerox, é de R$1,50 por cópia, se o

número de cópias for menor que 50, ou de R$1,00 por cópia, se o número de cópias for maior ou igual a 50.

a. Expresse o preço (p) cobrado como função do número de cópias;
b. Quanto você economizaria se em vez de pedir 49 cópias, pedisse 50?

5. A circulação de um jornal vem aumentando de forma constante. Em janeiro, a circulação era de 4000 jornais. No mês de maio a circulação já era de 5500.

   a. Expresse a circulação (c) de jornal como função do tempo;
   b. Qual a circulação daqui a 3 meses?

6. Para a realização de um determinado serviço, uma pessoa cobra uma taxa fixa de R$50,00 e mais R$27,00 por cada dia de trabalho. Outra pessoa cobra uma taxa fixa de R$35,00 e mais R$32,00 por cada dia de trabalho. Ache um critério para decidir qual pessoa contratar.

7. Suponha que você é proprietário de uma companhia de ônibus de turismo. Para grupos de 35 pessoas no máximo, você cobra uma quantia fixa de R$17.500,00 (35 vezes R$500,00). Para grupos com mais de 35 pessoas, até 70 pessoas, no máximo, cada uma pagará R$500,00 menos R$20,00 por pessoa que exceda 35. Para grupos de 71 pessoas ou mais, você cobrará o menor valor, que é de R$300,00 por pessoa. Quanto você cobrará por um grupo de 68 pessoas?

8. Uma turma de alunos da 7ª série resolveu fazer um passeio num parque de diversões, para sua confraternização de final do ano. O líder da turma fez uma pesquisa e constatou que o parque mais próximo oferece dois planos para o seu uso.

   - Plano 1: R$5,00 por hora de permanência no parque por pessoa;
   - Plano 2: R$8,00 de taxa mais R$3,00 por hora de permanência por pessoa.

   a. Escreva a equação que representa o plano 1;
   b. Escreva equação que representa o plano 2;

c. Por quantas horas os custos dos dois planos seriam iguais, ou seja, nem mais caro nem mais barato?
d. Qual o melhor plano para permanecer no parque por 5 horas?
e. Qual o melhor plano para permanecer no parque por 3 horas?
f. Para quantas horas de permanência no parque o plano 1 seria mais vantajoso? E para quantas horas o plano 2 seria mais vantajoso?

9. Em uma loja de som, cada vendedor recebe R$80,00 por semana e mais comissão de R$5,00 por aparelho de DVD que vender. Em uma semana João vendeu 8 aparelhos e Paula vendeu 4. Pergunta-se:

a. Quanto João recebeu nessa semana? E Paula?
b. Quanto João recebeu a mais que Paula?

PARTE X

RESPOSTAS DOS PROBLEMAS PROPOSTOS

1. a) $C(x) = 10x + 600$ e $R(x) = 50x$

   b) 15 birôs

   c) 85 birôs

   d) Lucro = R$5.000,00

2. É indiferente escolher o banco a ou o b se o número de cheque for igual a 25.
   Se o número de cheques utilizados estiver no intervalo: $0 < x < 25$, é melhor o cliente escolher o banco b. Se o número de cheques utilizados for maior que 25, é melhor o cliente escolher o banco a.

   (Dica: reveja o problema resolvido de número 05 PARTE VIII)

3. Se o curso durar, exatamente, 16h, é indiferente inscrever seu filho no clube A ou B. Se o curso durar menos de 16h, inscreva-o no clube B. E se o curso durar mais de 16h, inscreva-o no clube A.

4. Se x for o número de cópia, então:

   a. $1{,}5x$ se $1 \leq x \leq 50$ e x se $x \geq 50$

   b. R$1,50*49 = R$73,50 e R$73,50 – R$50,00 = R$23,50 (economia)

5. a) $C(x) = 375x + 4000$

   b) $C(7) = 375*7 + 4000 = 6625$ jornais

6. Se o serviço durar 3 dias, é indiferente contratar a primeira ou a segunda pessoa. Caso o serviço dure menos de 3 dias, é mais vantajoso contratar a primeira. Se o serviço durar mais de 3 dias, então, contrate a segunda.

7. Cobrará R$33.340,00.

JUSTIFICATIVA

$$P_{(x)}\begin{cases}17500 \text{ se } 1 \leq x \leq 35\\ 480x + 700 \text{ se } 35 < x \leq 70\\ 300x \text{ se } x \geq 71\end{cases}$$

Se o grupo tiver 68 pessoas, logo, P (x) = 480x + 700.

P (68) = 480 (68) + 700 = 33340

8. Resolução:

Seja x o número de horas de permanência num dos dois parques. A função que dá o custo total (C), por hora de permanência num dos dois parques, é da forma C(x) = ax + b. Como no plano 1 a hora de permanência no parque é variável, logo, a = 5. E como não existe taxa de permanência, logo, b = 0.

a) C_1 (x) = 5x

Como no plano 2, a = 3 e b = 8, logo:

b) C_2 (x) = 3x + 8.

Para responder as letras c, d, e, f, você tem que traçar, num só diagrama, os gráficos das equações C_1 (x) e C_2(x), como foi feito no problema resolvido de número 5 na parte VIII.

c) É indiferente escolher um dos dois planos, se a permanência no parque for de 4 horas, nesse caso os custos dos dois planos são iguais.

d) Para uma permanência acima de 4 horas, o custo total do plano 2 é menor que o custo total do plano 1.

e)Para uma permanência no parque por 3 horas, o custo total do plano 1 é menor que o custo total do plano 2.

f) Pela análise feita na letra “d”, o plano 1 seria mais vantajosos para x no intervalo 0 < x < 4. E o plano 2 seria mais vantajoso para x no intervalo 4 < x < ∞.

9. a) João recebeu R$120,00 e Paula R$100,00;

b) R$20,00

PARTE XI

MODELAGEM DE EQUAÇÕES DO 2º GRAU EM SITUAÇÕES REAIS

Podemos dizer que a inserção da modelagem no ensino fundamental deve ser compreendida como um meio de evitar que os alunos adquiram a visão e as crenças de ser a Matemática algo necessário somente para o futuro escolar, sem relação alguma com a sociedade e com os seus problemas cotidianos. Com isso, o que se pretende não é apenas ensinar Matemática, mas oferecer subsídios para que atuem e compreendam a sociedade e, ao mesmo tempo, desenvolvam habilidades Matemáticas e saibam argumentar e interpretar modelos matemáticos, num sentido amplo. É o que veremos a seguir.

Exemplos

1. O Sr. Severino comprou 75 ovelhas e, juntamente com seus filhos, cercou uma área retangular com $75m^2$, para abrigar as 75 ovelhas, ou seja, um metro quadrado para cada ovelha. A área cercada tinha 15m de comprimento por 5m de largura. Deixou um vão de um metro, no lado do sul, para colocar uma cancela (fig. 1).

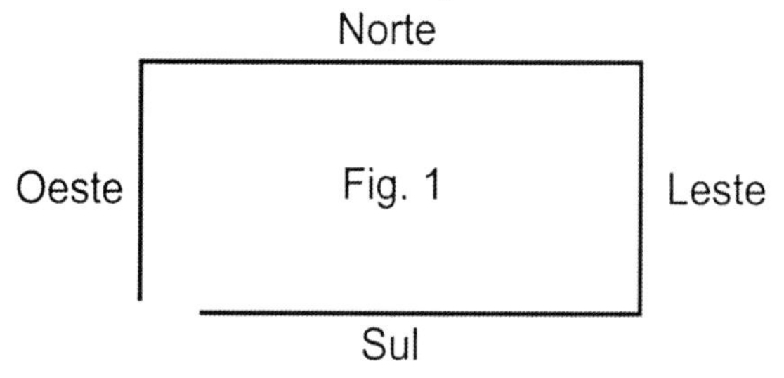

Após cercar a área, o Sr. Severino calculou que havia gastado, com varas e estacas, R$50,00 Por cada metro linear de cerca. Decorridos alguns dias, o Sr. Severino compra mais 25 ovelhas e resolve aumentar a área cercada para abrigar as 100 ovelhas. Para aumentar a área, o Sr. Severino estava planejando em fazer o seguinte: comprar 10 metros lineares de varas e estacas, prolongar, no sentido leste: 5 metros no lado do norte, 5metros do lado do sul e retirar as varas e estacas do lado leste, e fechar a abertura. Caso fosse realizado o seu plano, a área cercada ficaria com 20m de comprimento por 5m de largura, ou seja, 100m². Como cada metro quadrado abriga uma ovelha, logo, 100m² abrigariam, exatamente, as 100 ovelhas (fig. 2).

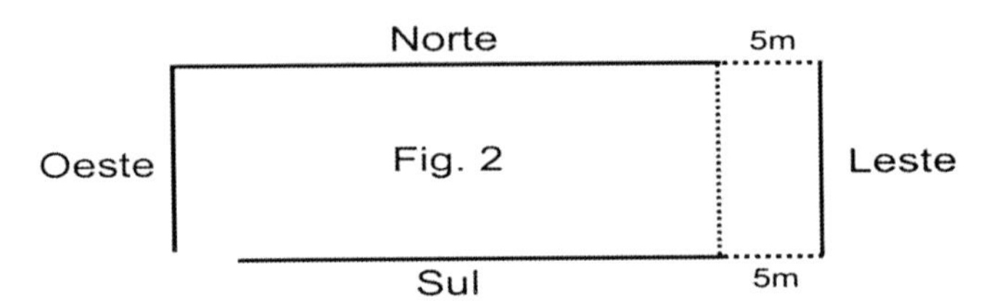

Ora, se o Sr. Severino gastou R$50,00 por metro linear de cerca, então, para aumentar a área, em 10 metros lineares, gastaria R$500,00 a mais. Quando o Sr. Severino decidiu realizar seu plano, o Sr. Sebá que era professor de uma escola do ensino fundamental, disse-lhe:

— Sr. Severino, com as varas e estacas existentes, sou capaz de aumentar a área, para abrigar as 100 ovelhas, sem ser necessário o senhor comprar os 10 metros lineares de varas e estacas.

— Mas isso é impossível, professor!

O professor Sebá respondeu-lhe:

— Sr. Severino, vou mostrar-lhe o quanto é importante a Matemática do ensino fundamental. Pode-se demonstrar, por meio da equação do 2° grau, que com um determinado comprimento, de cerca, arame, tela etc. Obtém-se a maior área retangular cercada, quando esse retângulo é um quadrado.

— E com essa sua teoria, professor Sebá, você acha que é capaz de aumentar a área, para abrigar as 100 ovelhas, com as varas e estacas existentes?

— É claro! — respondeu o professor Sebá.

— Só acredito vendo!

— Ora, basta que o senhor faça, com as varas e estacas existentes, uma área quadrada. Isto é, 10 metros de cerca de cada lado, nesse caso, fica uma área com 100m². Portanto, com o conhecimento da equação do 2° grau, que é matéria do ensino fundamental, o professor Sebá fez com que o Sr. Severino reduzisse os custos de material em R$500,00.

2. Sr. Antônio, após sua aposentadoria, resolveu negociar com galinhas. Do pouco capital que dispunha, comprou 50 metros de tela para construir um galinheiro. Ao comprar os 50 metros de tela, observou que com o dinheiro restante, daria para comprar 800 galinhas e, ainda, sobrariam alguns trocados. No terreno, onde iria construir o galinheiro, havia duas paredes perpendiculares: uma com 20 metros de comprimento e a outra com 65 metros. Nesse caso, o Sr. Antônio teria que cercar, apenas, dois lados do terreno. Já que iria comprar 800 galinhas, então, decidiu construir um galinheiro, deixando meio metro quadrado para abrigar cada galinha. Com os 50 metros de tela, o Sr. Antônio construiu um galinheiro com as seguintes dimensões: 40 metros de comprimento por 10 metros de largura, ou seja, 400m^2. Decorridos alguns meses, Antônio fez um levantamento do capital, e constatou que estava havendo um bom retorno do capital aplicado. Então, decidiu comprar mais 450 galinhas. Já que à medida que ia vendendo as galinhas, imediatamente comprava outras tantas, logo, teria que construir um galinheiro para abrigar 1250 galinhas. Ora, pensou Antônio: já que cada galinha ocupa meio metro quadrado do galinheiro, se eu comprar mais 450 galinhas terei que aumentar o galinheiro em 225m^2. Como existe uma parede com 20 metros de largura e outra com 65 metros de comprimentos, logo, basta retirar os 10 metros de tela da lateral, prolongar 22,5 metros no comprimento e fechar a abertura com os 10 metros de tela retiradas da lateral. Caso fosse realizado o seu plano, a área do galinheiro ficaria exatamente com 625m^2, isto é, 62,5m de comprimento por 10m de largura. Supondo que Antônio iria comprar o metro linear de tela a R$50,00, logo, para prolongar os 22,5 metros, iria gastar R$1.125,00, ou seja, 22,5 vezes R$50,00 Quando Antônio decidiu realizar o seu plano, o Sr. Sebá, que era professor de uma escola do ensino fundamental, disse-lhe:

— Sr. Antônio, com os 50 metros de tela existentes, sou capaz de aumentar a área, para abrigar as 1250 galinhas, sem ser necessário o senhor gastar R$1.125,00, comprando mais 22,5 metros de tela.

— Mas isso é impossível, professor!

O professor respondeu:

— Sr. Antônio, vou mostrar ao senhor o quanto é importante a Matemática do ensino fundamental. Vou demonstrar mais na frente, por meio da equação do 2º grau, que é matéria do ensino fundamental, que para cercar uma área retangular com um determinado comprimento (de arame, tela etc.), quando já existem dois lados cercados, obtém-se a maior área quando os dois lados a serem cercados são iguais, ou seja, cada lado igual à metade do perímetro.

— E com essa sua teoria, professor, você acha que é capaz de aumentar o galinheiro, para abrigar as 1250 galinhas, com os 50 metros de tela existentes?

— É claro! Respondeu o professor Sebá.

— Só acredito vendo!

— Ora, Sr. Antônio, basta que o senhor faça, com os 50 metros de tela existentes, um galinheiro quadrado, isto é, cada lado do galinheiro com 25 metros de tela. Nesse caso, fica uma área com $625m^2$. Como cada galinha ocupa meio metro quadrado, logo: $625m^2 \times 2 = 1250$ galinhas. Portanto, com o conhecimento da equação do 2º, que é matéria do ensino fundamental, o professor Sebá fez com que o Sr. Antônio economizasse R$1.125,00 de material (tela).

3. Suponha que você deseja cercar um terreno com tela para criar galinhas. Sabendo-se que uma das larguras e um dos comprimentos já estão cercados, mostre que a menor quantidade de tela será utilizada, para cercar a maior área, quando os dois lados a serem cercados forem iguais à metade do perímetro.

   Demonstração:

   Pelo enunciado do problema, pode-se construir a seguinte figura:

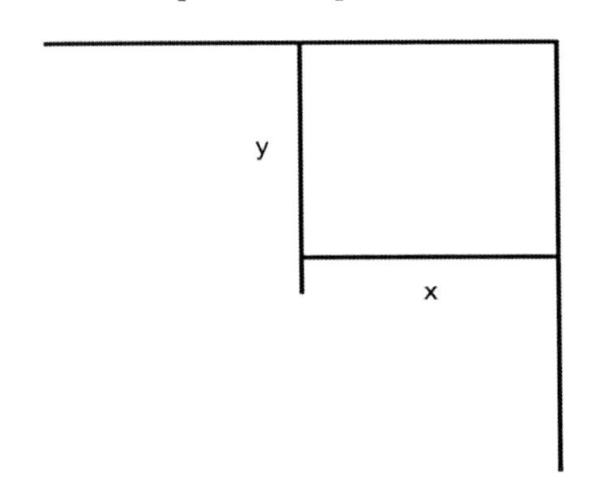

Seja: p = perímetro (soma dos lados a serem cercados)

x = lado menor a ser cercado

y = lado maior a ser cercado

A = área

O perímetro é: p = x + y. Tirando o valor de y em função de x e p. Obtém-se:

$$y = p - x \ (1)$$

A área é dada por: A = xy (2). Substituindo a (1) na (2), vem:

$$A = x(p - x) = -x^2 + px \ (3)$$

Como a (3) é uma equação do 2º grau, logo, a = – 1 e b = p.

$$V_x = \frac{-p}{2(-1)} = \frac{p}{2}.$$

Portanto $x = \frac{p}{2}$

Substituindo na (1), x por $\frac{p}{2}$, temos:

$$y = p - \frac{p}{2} = \frac{p}{2}$$

Já que $x = y = \frac{p}{2}$, logo, a maior área será obtida, quando os dois lados, a serem cercados, forem iguais à metade do perímetro.

4. Um teatro, com capacidade para 100 pessoas, fechou um contrato com uma escola para exibição de um espetáculo. De acordo com o contrato, os termos principais foram:

   - O valor de R$20,00 por aluno se todos os lugares forem vendidos;
   - Se não forem vendidos todos os lugares, o preço por aluno deve aumentar R$2,00.

   O dono do teatro quer saber: quantos lugares devem ser vendidos para que ele obtenha receita máxima?

   Resolução (sem usar a modelagem Matemática

   Sejam: p, q e r, respectivamente, preço por aluno, quantidade de pessoas e receita (o mesmo que arrecadação). Como r = p x q, logo:

P	Q	R
20	100	R$2.000,00
22	99	R$2.178,00
24	98	R$2.352,00
26	97	R$2.522,00
28	96	R$2.688,00
30	95	R$2.850,00
100	60	R$6.000,00
102	59	R$6.018,00
104	58	R$6.032,00
106	57	R$6.042,00
108	56	R$6.048,00
110	55	R$6.050,00
112	54	R$6.048,00

Resolução (usando a modelagem Matemática)

Note que: o dono do teatro deve vender 55 lugares para obter a maior receita a qual é de R$6.050,00.

Encontramos a quantidade de lugares que o dono do teatro deve vender para obter a máxima receita, após encontrar uma lista de várias receitas. Veremos a seguir como a modelagem Matemática é uma ferramenta muito útil para se encontrar o valor máximo. Quando você, caro leitor (ou aluno), estudou a equação do 1º grau, viu que dois pontos determinam uma reta. Na coluna de p e q vamos escolher os seguintes pontos:

$$\underset{x_o\ \ y_o}{\overset{q\ \ \ p}{(100, 20)}} \text{ e } \underset{x_1\ \ y_1}{\overset{q\ \ p}{(99, 22)}}$$

A fórmula $\dfrac{y-y_o}{y_1-y_o}=\dfrac{x-x_o}{x_1-x_o}$ dá a equação do 1º grau.

Pode-se escolher p em função de q ou q em função de p. Como o dono do teatro quer saber quantos lugares devem ser vendidos para que ele obtenha receita máxima, logo, vamos encontrar o preço (p) em função da quantidade (q). A fórmula da equação do 1º grau fica:

$$\frac{p-p_0}{p_1-p_0}=\frac{q-q_0}{q_1-q_0} \qquad (1)$$

Substituindo os valores de cada ponto na (1), obtém-se:

$$\frac{p-20}{22-20}=\frac{q-100}{99-100}$$

$$(p - 20)(99 - 100) = (22 - 20)(q - 100)$$
$$(p - 20)(- 1) = (2)(q - 100)$$
$$20 - p = 2q - 200$$
$$P = - 2q + 220 \qquad (2)$$

Como a receita (R) é igual ao preço (p) vezes quantidade (q), ou seja, R = p.q, logo multiplicando ambos os membros da (2) por q, obtém-se:

$$p.q = - 2q.q + 220q$$
$$R = - 2q^2 + 220q \ (3)$$

A equação (3) é o modelo matemático para o problema em questão.

Já que a equação (3) é do 2º grau, logo, seu gráfico é uma parábola. Como o coeficiente de q^2 é negativo, então, a receita total atinge o máximo no vértice da parábola. Como o vértice da parábola é dado por:

$V_q=\frac{-b}{2a}$, e como a = – 2 e b = 220, logo:

$V_q=\frac{-220}{2(-2)}=55.$

Portanto q = 55.

Substituindo q = 55 na (3), obtém-se:

$R(55) = - 2(55)^2 + 220(55) = - 2(3025) + 220(55) = - 6050 + 12100 =$ R$6.050,00.

Portanto o dono do teatro deve vender 55 lugares para obter a maior receita; a qual é de R$6050,00. Resultado que bate com o que foi encontrado sem usar a modelagem Matemática. Só que o resultado obtido com a modelagem Matemática, em termo de ensino-aprendizagem, é muito mais importante, haja vista que usando a modelagem Matemática o aluno aplica o que aprendeu sobre a equação do 1º grau.

Resolução alternativa:

Como os dois pontos (100, 20) e (99, 22) determinam uma reta, logo, temos o seguinte sistema com duas equações lineares:

$$100q + b = 20$$

$$99q + b = 22$$

Resolvendo esse sistema, obtém-se: $q = -2$ e $b = 220$.

Já que a equação p em função de q é: $p = aq + b$, logo: $p = -2q + 220$

Conclusão. A equação é a mesma que foi encontrada por meio de um caminho mais longo.

5. Uma loja tem vendido 200 CDs por semana a R$35,00 cada. Uma pesquisa de mercado indica que para cada R$1,00 de abatimento oferecido aos compradores, o número de unidades vendidas vai aumentar em 20 por semana.

   a. Encontre a função preço unitário

   b. Encontre a função receita.

   c. Qual deve ser o abatimento para que a receita seja maximizada?

   Resolução:

   Sejam q e p, respectivamente, quantidades vendidas e preço. Façamos duas colunas, uma com p e a outra com q:

P	Q
35	200
34	220

Como os pontos (35, 200) e (34, 220) definem uma reta, logo:

$$35a + b = 200$$

$$34a + b = 220$$

Resolvendo esse sistema de equações, obtém-se:

$$a = -20 \text{ e } b = 900$$

a. A equação quantidades vendidas (q) em função do preço (p) é: q (p) = – 20p + 900 (1)

b. Como a receita (r) é preço (p) vezes quantidades vendidas (q), ou seja, r = p (q), logo, multiplicando ambos os membros da equação (1) por p, obtém-se:

$$R(p) = -20p^2 + 900$$

c. Já que a função receita é uma função do 2º grau, logo, o seu gráfico é uma parábola. Para achar o preço (p) que maximiza a receita, basta achar o ponto no qual a parábola atinge o máximo. Esse ponto é dado por:

$V_p = \frac{-b}{2a}$, e como a = – 20 e b = 900, logo:

$$V_p = \frac{-900}{2(-20)} = 22,50$$

Portanto p = 22,50

Como a loja vende o CD a R$35,00, logo, para maximizar a receita deve dar um abatimento de:

R$35,00 – R$22,50 = R$12,50 (abatimento).

6. O custo para produzir certo produto é R$3,00. Se esse produto for vendido ao preço de R$6,00, são vendidas mensalmente, 3000 unidades do produto. O empresário, por experiência própria, vem observando o seguinte: quando aumenta o preço de R$1,00, vende 250 unidades mensalmente a menos. O empresário deseja saber:

a. Qual o maior preço (p) que deverá cobrar, a fim de obter a máxima receita?
b. Quantas unidades (q) deverá produzir, mensalmente, a fim de obter a máxima receita?
c. Qual o maior preço que deverá cobrar, a fim de obter o máximo lucro?
d. Quantas unidades deverá produzir, mensalmente, a fim de obter o máximo lucro?

Resolução (sem usar a modelagem Matemática – investigando)

a. Sejam: p, q e r, respectivamente, preço, quantidade e receita (o mesmo que arrecadação). Como a receita é preço vezes a quantidade, logo, r = p*q. (* sinal de multiplicação)

P	Q	R
R$6,00	3000	R$18.000,00
R$7,00	2750	R$19.250,00
R$8,00	2500	R$20.000,00
R$9,00	2250	R$20.250,00
R$10,00	2000	R$20.000,00

Note que: para o preço de R$9,00 a receita (R) atinge o máximo, ou seja, o empresário deve vender 2250 unidades do produto para obter a maior receita a qual é de R$20.250,00. Encontramos a quantidade de produtos que o empresário deve vender para obter a máxima receita, após encontrar uma lista de várias receitas. Veremos a seguir como a modelagem Matemática é uma ferramenta muito útil para se encontrar o valor máximo com os assuntos das equações do 1º e 2º graus vistos no ensino fundamental.

Resolução (usando a modelagem Matemática)

Quando você, caro leitor, estudou a equação do 1º grau, viu que dois pontos determinam uma reta. Na coluna de p e q vamos escolher os seguintes pontos:

$$\begin{matrix} p & q & & p & q \\ (6, & 3000) & e & (7, & 2750) \\ x_0 & y_0 & & x_1 & y_1 \end{matrix}$$

A fórmula $\frac{y-y_o}{y_1-y_o}=\frac{x-x_o}{x_1-x_o}$ gera a equação do 1º grau.

Seja q a quantidade e p o preço. A fórmula da equação do 1º grau fica:

$$\frac{p-p_o}{p_1-p_o}=\frac{q-q_o}{q_1-q_o} \quad (1)$$

Substituindo os valores de cada ponto na (1), obtém-se:

$$\frac{p-6}{7-6}=\frac{q-3000}{2750-3000}$$

$$(p - 6)(2750 - 3000) = (7 - 6)(q - 3000)$$

$$(p - 6)(- 250) = (1)(q - 3000)$$

$$q = - 250p + 4500 \qquad (2)$$

A equação (2) é o modelo matemático para a quantidade em função do preço.

Como a receita (R) é igual ao preço (p) vezes a quantidade (q), ou seja, $R = p*q$, logo multiplicando ambos os membros da (2) por q, obtém-se:

$$p.q = - 250q.q + 4500q$$

$$R = - 250q^2 + 4500q \ (3)$$

A equação (3) é o modelo matemático da receita total da empresa.

A equação (3) pode ser encontrada da seguinte maneira: sejam q e p, respectivamente, quantidades vendidas e preço. Façamos duas colunas, uma com p e a outra com q:

P	Q
6	3000
7	2750

Como os pontos (6, 3000) e (7, 2750) definem uma reta, logo:

$$6a + b = 3000$$

$$7a + b = 2750$$

Resolvendo esse sistema de equações, obtém-se:

$$a = - 250 \text{ e } b = 4500$$

Os mesmos valores encontrados para a equação (3), mas foram encontrados por um caminho mais longo. Já que a equação (3) é do 2º grau, logo, seu gráfico é uma parábola. Como o coeficiente de x^2 é negativo, então, a receita total atinge o máximo no vértice da parábola. Como o vértice da parábola é dado por:

$V_x = \frac{-b}{2a}$, e como a = – 250 e b = 4500, logo:

$V_x = \frac{-4500}{2(-250)} = 9$ portanto x = 9.

Resposta: o maior preço que a empresa deverá cobrar a fim de obter a máxima receita é R$9,00. E para esse preço, o valor máximo da receita total é:

a. R – 250 (9) ^{2} + 4500 (9) = R$20.250,00

b. q = – 250 (9) + 4500 = 2250 unidades

   Resposta: a fim de obter a máxima receita, a empresa deverá produzir e vender 2250 unidades.

c. Como o lucro total (L_t) é igual à diferença entre a receita total e o custo total (c_t), logo:

   $L_t = R_t - C_t$.

   Já que a empresa gasta R$3,00 para produzir cada unidade do produto, logo, o custo total é: $C_t = 3q$. Como q =– 250p + 4500, então:

   $$C_t = 3(-250p + 4500) = -750p + 13500 \qquad (4)$$

   A equação (4) é o modelo matemático do custo total da empresa. Se o lucro for L, então:

   $L_t = R_t - CF_t$,

   $L_t = -250p^2 + 4500p - (-750p + 13500)$

   $L_t = -250p^2 + 5250p - 13500$ (5)

   A equação (5) é o modelo matemático do lucro total da empresa. Já que a equação (5) é do 2º grau, logo, seu gráfico é uma parábola. Como o coeficiente de x^2 é negativo, então, o lucro atinge o máximo no vértice da parábola. Como a = – 250 e b = 5250, logo:

   $$V_x = \frac{-5250}{2(-250)} = 10,5$$

Resposta: o maior preço que a empresa deverá cobrar, a fim de obter o máximo lucro, é de R$10,50. E para esse preço o valor máximo do lucro total é:

$$L_t = -250(10{,}5)^2 + 5250(10{,}5) - 13500 = R\$14.062{,}50$$

d. $q = -250(10{,}5) + 4500 = 1875$ unidades

Resposta: a fim de obter o máximo lucro, a empresa deverá produzir e vender 1875 unidades.

7. O proprietário de uma fábrica, vende certo produto por R$1.100,00. O custo total, para fabricação do produto, consiste em uma taxa fixa de R$75.000,00 mais o custo de produção que é de R$600,00 por unidade fabricada. Pergunta-se:

a. Quantas unidades o proprietário precisa vender a fim de que exista equilíbrio?
b. Se forem vendidas 120 unidades, o proprietário terá lucro ou prejuízo? Por quê?
c. Quantas unidades o proprietário necessita vender para obter um lucro de R$20.000,00?

Resolução:

Seja x o número de unidades fabricadas, r a receita total e c o custo total.

Receita total = preço vezes número de unidades vendida

Preço por unidade = R$1.100,00

Número de unidades = x

Portanto a receita em função de x será $r(x) = 1100x$

Custo total = custo por unidade fabricada vezes número de unidades fabricadas mais taxa fixa.

Custo por unidade fabricada = R$600,00

Número de unidades fabricadas = x

Taxa fixa = R$75.000,00

Então, o custo total em função de x, será: $c(x) = 600x + 75000$

Para que exista equilíbrio, basta igualar r (x) e c (x).

$$R(x) = C(x)$$

$110x = 600x + 75000$ (equilíbrio)

$x = 150$

O lucro (L) é a diferença entre R(x) e C(x).

$L(x) = R(x) - C(x)$

$L(x) = 1100x - (600x + 75000)$

$L(x) = 500x - 75000$

$L(120) = 500(120) - 75000 = -1500$

Resposta: se forem vendidas apenas 120 unidades, o proprietário terá um prejuízo de R$15.000,00. Porque a diferença entre receita e custo é negativa.

Se o proprietário deseja obter um lucro de R$20.000,00, logo:

$L(x) = 20000$

Como $l(x) = 500x - 75000$, então:

$500x - 75000 = 20000$

$x = 190$

Resposta: o proprietário necessita vender 190 unidades, a fim de obter um lucro de R$20.000,00.

FLAGRANTE DA VIDA REAL

O custo para produzir certo produto é R$3,00. Se esse produto for vendido ao preço de R$6,00, são vendidas mensalmente, 3000 unidades do produto. O empresário, por experiência própria, vem observando o seguinte: quando aumenta o preço de R$1,00, vende 250 unidades mensalmente a menos. O empresário deseja saber:

a. Qual o maior preço que deverá cobrar, a fim de obter a máxima receita?

b. Quantas unidades deverá produzir, mensalmente, a fim de obter a máxima receita?

c. Qual o maior preço que deverá cobrar, a fim de obter o máximo lucro?

d. Quantas unidades deverá produzir, mensalmente, a fim de obter o máximo lucro?

Resolução (sem usar a modelagem Matemática – investigando o problema)

Sejam: p, q e r, respectivamente, preço, quantidade e receita (o mesmo que arrecadação). Como a receita é preço vezes a quantidade, logo, R = p*q.

P	Q	R
R$6,00	6,00	R$18.000,00
R$7,00	7,00	R$19.250,00
R$8,00	8,00	R$20.000,00
R$9,00	9,00	R$20.250,00
R$10,00	10,00	R$20.000,00

Note que: para o preço de R$9,00 a receita atinge o máximo, ou seja, o empresário deve vender 2250 unidades do produto para obter a maior receita a qual é de R$20.250,00. Encontramos a quantidade de produtos que o empresário deve vender para obter a máxima receita, após encontrar uma lista de várias receitas. Veremos a seguir como a modelagem Matemática é uma ferramenta muito útil para se encontrar o valor máximo com os assuntos das equações do 1º e 2º graus vistos no ensino fundamental. Quando você, caro leitor, estudou a equação do 1º grau, viu que dois pontos determinam uma reta. Na coluna de p e q vamos escolher os seguintes pontos:

p q p q
(6, 3000) e (7, 2750)

A fórmula $\frac{y-y_o}{y_1-y_o}=\frac{x-x_o}{x_1-x_o}$ dá a equação do 1º grau.

Seja q a quantidade e p o preço. A fórmula da equação do 1º grau fica:

$$\frac{p-p_o}{p_1-p_o}=\frac{q-q_o}{q_1-q_o} \qquad (1)$$

Substituindo os valores de cada ponto na (1), obtém-se:

$$\frac{p-6}{7-6}=\frac{q-3000}{2750-3000}$$

$$(p - 6)(2750 - 3000) = (7 - 6)(q - 3000)$$
$$(p - 6)(-250) = (1)(q - 3000)$$
$$q = 250p + 4500 \qquad (2)$$

A equação (2) é o modelo matemático para a quantidade em função do preço. Como a receita (r) é igual ao preço (p) vezes a quantidade (q), ou seja, r = p*q, logo multiplicando ambos os membros da (2) por q, obtém-se:

$$p.q = -250q.q + 4500q$$
$$R = -250q^2 + 4500q \ (3)$$

A equação (3) é o modelo matemático da receita total da empresa. Já que a equação (3) é do 2º grau, logo, seu gráfico é uma parábola. Como o coeficiente de x^2 é negativo, então, a receita total atinge o máximo no vértice da parábola. Como o vértice da parábola é dado por:

$$V_x = \frac{-b}{2a}, \text{ e como } a = -250 \text{ e } b = 4500, \text{ logo:}$$

$$V_x = \frac{-4500}{2(-250)} = 9 \text{ portanto } x = 9.$$

Resposta: o maior preço que a empresa deverá cobrar a fim de obter a máxima receita é R$9,00. E para esse preço, o valor máximo da receita total é:

a. $R_t = -250(9)^2 + 4500(9) = R\$20.250,00$

b. $q = -250(9) + 4500 = 2250$ unidades

   Resposta: a fim de obter a máxima receita, a empresa deverá produzir e vender 2250 unidades.

c. como o lucro total é igual à diferença entre a receita total e o custo total (c_t), logo, $l_t = r_t - c_t$.

   Já que a empresa gasta R$3,00 para produzir cada unidade do produto, logo, o custo total é: $c_t = 3q$. Como $q = -250p + 4500$, então,

$$C_t = 3(-250p + 4500) = -750p + 13500 \ (4)$$

   A equação (4) é o modelo matemático do custo total da empresa. Como $l_t = r_t - c_t$, então,

$L_t = -250p^2 + 4500p - (-750p + 13500)$

$L_t = -250p^2 + 5250p - 13500$ (5)

A equação (5) é o modelo matemático do lucro total da empresa. Já que a equação (5) é do 2º grau, logo, seu gráfico é uma parábola. Como o coeficiente de x^2 é negativo, então, o lucro atinge o máximo no vértice da parábola. Como a = − 250 e b = 5250, logo:

$$V_x = \frac{-5250}{2(-250)} = 10,5$$

Resposta: o maior preço que a empresa deverá cobrar, a fim de obter o máximo lucro, é de R$10,50. E para esse preço o valor máximo do lucro total é:

$$L_t = -250(10,5)^2 + 5250(10,5) - 13500 = R\$14.062,50$$

d. q = − 250 (10,5) + 4500 = 1875 unidades

Resposta: a fim de obter o máximo lucro, a empresa deverá produzir e vender 1875 unidades.

Resolução *alternativa* :

Achar os valores dos coeficientes por meio de sistema de equações lineares.

1. O quadrado de área a (x) está inscrito em um quadrado de lado 5cm, conforme indica a figura a seguir:

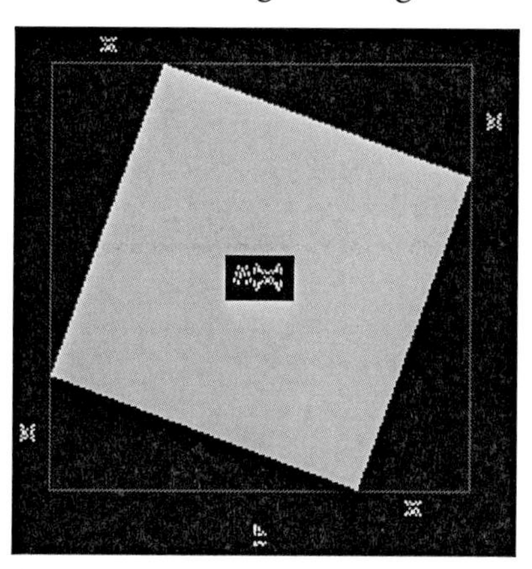

a. Qual o valor mínimo de a (x), ou seja, a área do quadrado de cor cinza?

A hipotenusa desse triângulo é o lado do quadrado cinza. Aplicando Pitágoras nesse triângulo, temos:

$$(\text{lado})^2 = x^2 + (5\text{-}x)^2$$

Desenvolvendo a expressão dos parênteses:

$$(\text{lado})^2 = x^2 + 25 - 10x + x^2$$

$$(\text{lado})^2 = 2x^2 - 10x + 25$$

Note que a área a (x) do quadrado cinza é justamente lado^2, portanto podemos substituir:

$$A(x) = 2x^2 - 10x + 25$$

Veja que essa é uma equação do segundo grau, ou seja, o gráfico é uma parábola. O valor mínimo da área do quadrado será exatamente o valor da coordenada y do vértice dessa parábola (y_v). Lembrando da fórmula do y_v.

$$yv = \frac{-\Delta}{4.a}$$

$$y_v = \frac{-[(-10)^2 - 4.2.25]}{4.2}$$

$$y_v = \frac{100}{8} \text{ ou } y_v = 12{,}5.$$

Resposta: o valo mínimo é $12{,}5cm^2$.

9. Suponha que você deseja cercar um campo retangular. Mostre que a menor quantidade de material é utilizada, para cercar a maior área, quando os quatro lados do campo forem iguais (reveja o problema do criador de ovelhas).

Demonstração:

Pelo enunciado do problema, pode-se construir a seguinte figura:

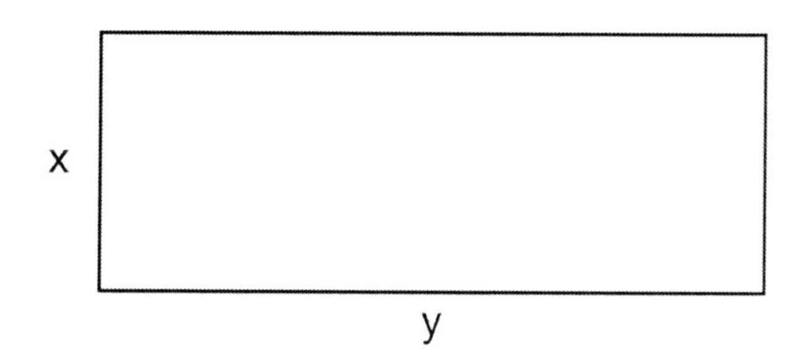

Sejam:

p = perímetro (soma dos quatro lados)
x = lado menor do retângulo
y = lado maior do retângulo
a = área do retângulo

O perímetro é: p = x + x + y + y = 2x + 2y. Tirando o valor de y em função de x e p, obtém-se:

$$y = \frac{p}{2} - x \qquad (1)$$

A área é dada por:

$$A = xy \qquad (2)$$

Substituindo em (2), y por $\frac{p}{2} - x$, vem:

$$A = x[\frac{p}{2} - x] = -x^2 + \frac{px}{2} \qquad (3)$$

Como a (3) é do 2º grau, logo, a = –1 e $b = \frac{p}{2}$. Então,

$$V_x = \frac{\frac{-p}{2}}{2(-1)} = \frac{p}{4}$$

Portanto $x = \frac{p}{4}$. Substituindo em (1), x por $\frac{p}{4}$, obtém-se:

$$y = \frac{p}{2} - \frac{p}{4} = \frac{p}{4}.$$

Portanto $y = \frac{p}{4}$. como $x = y = \frac{p}{4}$, logo, a maior área será obtida, quando os quatro lados forem iguais, ou seja, a área deve ser um quadrado (F. A.D.)

10. Um carpinteiro possui um sarrafo de madeira com 8 metros de comprimento, que pretende usar para fazer uma moldura retangular para um quadro. Como ele deve cortar o sarrafo para que a área do quadro seja máxima?

    Resolução:

    O problema proposto nos pede para determinar dentre todos os retângulos de perímetro (comprimento do sarrafo) igual a 8m, aquele que tem a área máxima. Podemos construir muitos retângulos cujo perímetro seja igual a 8m. Por exemplo, um retângulo de comprimento igual a 3 metros e largura igual a 1 metro, tem perímetro igual a 8 metros e área igual a $3m^2$. Construir um retângulo com comprimento igual a 2,5 metros e largura igual a 1,5 metro e área igual $3{,}75m^2$. O nosso problema é saber como descobrir qual, dentre todos esses retângulos, tem área máxima. Pelo problema 01, a área será máxima se o carpinteiro formar um quadrado com o sarrafo, ou seja, um quadrado de lado medindo 2 metros. Nesse caso a área será $4m^2$. Conclusão: o carpinteiro usou a mesma quantidade de metros lineares e obteve uma área maior.

11. Um fazendeiro tem uma propriedade e deseja cercar parte dela em um campo retangular com área de 1,5 milhão de metros quadrados que será então dividido ao meio por uma cerca paralela a um dos lados do retângulo. Como fazer isso de modo a minimizar o custo da cerca?

    Resolução:

    O fazendeiro deverá considerar um retângulo de lados 1000m x 1500m; devendo a cerca, que divide o retângulo ao meio, ser paralela ao lado de 1000 metros, porque fazendo assim o fazendeiro gasta apenas 1000 metros linear de material. Se a cerca, que divide o retângulo ao meio, for paralela ao lado de 1500 metros, o fazendeiro vai gastar 1500 metros linear de material, ou seja, 500 metros a mais.

12. Suponha que você disponha de 320 metros de material para cercar uma área retangular. Como você deverá usar o material para cercar a maior área possível?

Resolução:

Pelo enunciado do problema, pode-se construir a seguinte figura:

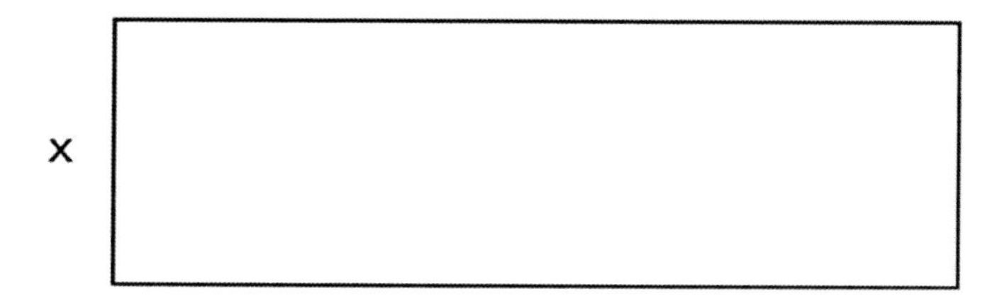

O perímetro é: x + x + y + y = 2x + 2y. Como o perímetro (p) = 320m, logo, 2x + 2y = 320. Expressando y em função de x, obtém-se:

$$y = 160 - x \qquad (1)$$

A área é: A = xy (2).

Substituindo em (2), y por 160 – x, vem:

$$A = x(160 - x) = -x^2 + 160x \qquad (3)$$

Como a (3) é do 2º, logo: a = – 1 e b = 160.

$$V_x = \frac{-160}{2(-1)} = 80$$

Portanto x = 80. Substituindo em (1), x por 80, obtém-se:

$$y = 160 - x = 160 - 80 = 80.$$

Portanto y = 80. Resposta: como x = y = 80, logo, para você cercar a maior área possível, com 320 metros de material, o comprimento deve ser igual à largura, ou seja, a área deve ser um quadrado.

13. Suponha que você deseja cercar um terreno com tela para criar galinhas. Sabendo-se que uma das larguras e um dos comprimentos já estão cercados, mostre que a menor quantidade de tela será utilizada, para cercar a maior área, quando os dois lados a serem cercados forem iguais (reveja o problema do criador de galinhas).

Demonstração

Pelo enunciado do problema, pode-se construir a seguinte figura:

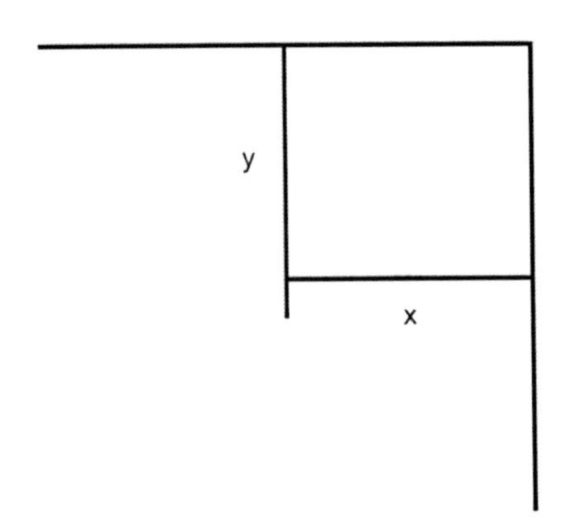

Sejam:

p = perímetro (soma dos lados a serem cercados)

x = lado menor a ser cercado

y = lado maior a ser cercado

A = área

O perímetro é: p = x + y. Tirando o valor de y em função de x e p. Obtém-se:

$$y = p - x \qquad (1)$$

A área é dada por: $A = xy$ (2).

Substituindo a (1) na (2), vem:

$$A = x(p - x) = -x^2 + px \qquad (3)$$

Como a (3) é uma equação do 2° grau, logo,

a = 1 e b = p.

$$V_x = \frac{-p}{2(-1)} = \frac{p}{2}.$$

Portanto $x = \frac{p}{2}$ Substituindo na (1), x por $\frac{p}{2}$, temos:

$$y = p - \frac{p}{2} = \frac{p}{2}$$

Já que $x = y = \frac{p}{2}$, logo, a maior área será obtida, quando cada um dos lados, a ser cercado, seja igual à metade do perímetro. Como o perímetro a ser cercado mede 50 metros, logo, como a metade do perímetro é 25 metros, então, cada lado é igual a 25 metros, ou seja, um quadrado.

14. suponha que você dispõe de 100 metros de um determinado material para cercar um terreno. Sabendo-se que uma das larguras e um dos comprimentos não são necessários cercar, qual deve ser as dimensões do comprimento e da largura, a fim de que a área cercada seja a maior possível?

    Resolução:
    Pela demonstração dada no problema 5, vimos que a área é máxima quando: $M = 185\left[\frac{(1+0,012)^6 - 1}{0.012}\right] = 1143,84$, ou seja, quando o perímetro for dividido por dois. Logo, para resolver o problema, basta fazer:

    $$x = \frac{p}{2} = \frac{100}{2} = 50 \text{ (largura)}$$

    $$y = \frac{p}{2} = \frac{100}{2} = 50 \text{ (comprimento)}$$

    Resposta: como x = y = 50, então, para você cercar a maior área possível, o comprimento deve ser igual à largura. Portanto a área deve ser um quadrado.

15. Suponha que você deseja cercar um campo retangular, ao longo de um rio, para limitar certa área. Admitindo-se que ao longo do rio não é necessário cercar, mostre que a menor quantidade de material será utilizada, para cercar a maior área, quando o comprimento do campo for o dobro da largura (reveja o problema do criador de galinhas).

    Demonstração:

    Sejam:

    p = perímetro (soma dos três lados)
    x = lado menor do retângulo
    y = lado maior do retângulo
    AQ = área do retângulo

De acordo com o enunciado do problema, podemos construir a seguinte figura:

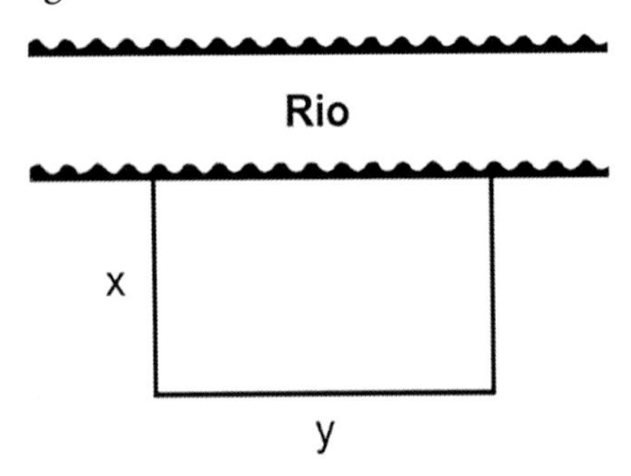

O perímetro é:p = x + x + y = 2x + y. A área é: a = xy (1).
Tirando o valor de y em função de x e p, obtém-se:

$$y = p - 2x \qquad (2)$$

Substituindo a (2) na (1), obtém-se:

$$a = x\,(p - 2x) = -\,2x^2 + px \qquad (3)$$

Já que a (3) é do 2º grau, logo:

$$a = -\,2 \text{ e } b = p.$$

$$V_x = \frac{-p}{2a} = \frac{-p}{2(-2)} = \frac{p}{4}$$

Como x é o lado menor do retângulo, logo, a área atinge o máximo, quando $x = \frac{p}{4}$. Substituindo o valor de x em y = p – 2x, obtém-se:

$$y = p - \frac{2p}{4} = \frac{p}{2}.$$

Já que y é o lado maior do retângulo, logo, a área atinge o máximo, quando $y = \frac{p}{2}$. Note que $\frac{p}{2}$ (lado maior do retângulo) é o dobro de $\frac{p}{4}$ (lado menor do retângulo) (F.A.D)

16. Deseja-se confeccionar uma trave para um campo de futebol com uma viga de 18m de comprimento. Encontre as dimensões para que a área do gol seja máxima. Vamos esboçar um desenho de uma trave genérica:

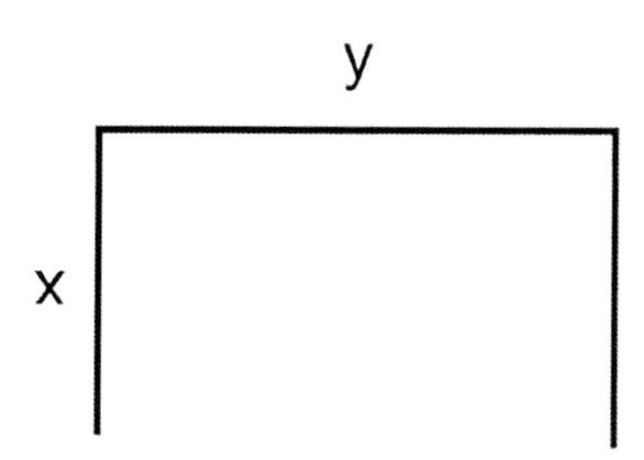

Em que: x = altura da trave e y = largura da trave.

Pelos dados fornecidos no enunciado, vem:

$$2x + y = 18$$

$$y = 18 - 2x \qquad (1)$$

A área do gol é dada pela fórmula da área do retângulo:

$$A = x.y \qquad (2)$$

Substituindo a (1) na (2), obtém-se:

$$A = x\,(18 - 2x)$$

$$A = 18x - 2x^2 \qquad (3)$$

Já que a (3) é do 2º grau, logo:

$$a = -2 \text{ e } b = 18.$$

$$V_x = \frac{-b}{2a} = \frac{-18}{2(-2)} = 4{,}5$$

Como x é o lado menor do retângulo, logo, a área atinge o máximo, quando x = 4,5m

.substituindo o valor de x em y = 18 – 2x, obtém-se:

$$y = 18 - 2\,(4{,}5) = 9m$$

Já que y é o lado maior do retângulo, logo, a área atinge o máximo, quando y = 9m.

Portanto a trave deverá ter altura de 4,5m e largura de 9m para que a área de gol seja a maior possível. Observação: as dimensões oficiais de uma trave de futebol é 7,32m de largura entre os postes e 2,44m de altura.

17. Com 1008 metros de arame, você deseja cercar um terreno retangular de modo que:

    a. A parte do fundo não seja cercada; pois ela faz divisa com um rio;
    b. Na parte da frente seja deixado um vão de 4 metros, onde será instalada uma cancela;
    c. A cerca terá 4 fios de arame.

    Pergunta-se: quantos metros devem ter a largura e o comprimento, a fim de que a área seja máxima?

    Resolução:

    De acordo com o enunciado do problema, podemos construir a seguinte figura:

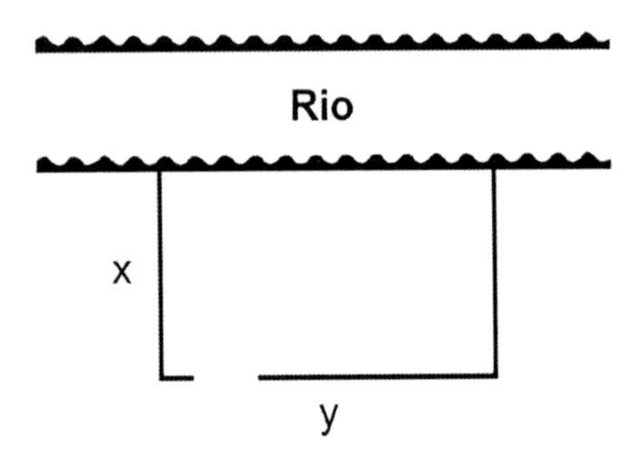

Já que a cerca irá ter 4 fios de arame, logo, o arame gasto nas laterais é: $4x + 4x = 8x$. E na frente é: $4(y - 4)$. Portanto deveremos ter:

$$8x + 4(y - 4) = 1008$$

$$8x + 4y - 16 = 1008$$

$$y = 256 - 2x$$

A área cercada é: $a = xy$ (1). Substituindo em (1), y por $256 - 2x$, obtém-se:

$$A = x(256 - 2x) = -2x^2 + 256x.$$

Já que a equação correspondente à área é do 2º grau, logo:

$$a = -2 \text{ e } b = 256.$$

Portanto $V_x = \frac{-256}{2(-2)} = 64$. Como x é o lado menor do retângulo, logo, a área atinge o máximo, quando o lado menor for 64m. Já que y = 256 – 2x, logo, y = 256 – 2 (64) = 128. Como y é o lado maior do retângulo, então, a área atinge o máximo, quando o lado maior for 128m. Resposta: a fim de que a área cercada seja máxima, a largura deve ter 64m e o comprimento 128m, ou seja, o comprimento dever ter o dobro da largura (reveja o problema 7).

18. Um terreno retangular, às margens de um rio, deve ser cercado, menos ao longo do rio onde não há necessidade de cercar. O material para a cerca custa R$18,00 por metro linear no lado paralelo do rio; e R$9,00 por metro linear nas laterais. Quais as dimensões do terreno de maior área que pode ser cercado com R$3.600,00?

    Resolução:

    De acordo com o enunciado do problema podemos construir a seguinte figura:

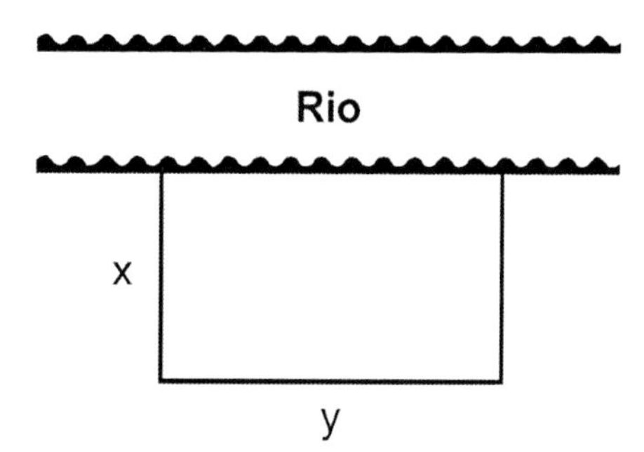

O material gasto nas laterais é: x + x = 2x. E no lado paralelo ao rio é: y. O total de cerca gasta nos três lados é: 2x + y. Já que o custo, para cercar as laterais e o lado paralelo ao rio, é de 9 u.m. E 18 u.m., respectivamente, logo, o custo total (c) é:

$$c(x) = 9(2x) + 18y = 18x + 18y = 18(x + y)$$

Já que o custo total, para cercar o terreno, é de 3600 u.m., logo:

$$18(x + y) = 3600$$
$$x + y = 200$$
$$y = 200 - x$$

A área cercada é dada por: a = xy (1). Substituindo em (1), y por 200 – x, vem:

$$A = x\,(200 - x) = -x^2 + 200x \qquad (2)$$

Com a equação da área é do 2º grau, logo, a = –1 e b = 200.

$$V_x = \frac{200}{2(-1)} = 100$$

V_x = – 200/2 (–1) = 100. Portanto x = 200.

Como y = 200 – x, logo, y = 200 – 100 = 100.

Resposta: laterais: 100m; lado paralelo ao rio: 100m. Portanto o terreno deve ser um quadrado.

19. Certo empresário tem uma frota de ônibus, e aluga todos os ônibus para 40 ou mais passageiros. Se o número de passageiros é exatamente 40, cada um pagará R$350,00. Haverá um abatimento de R$5,00 para cada passageiro que exceder os 40. Se a capacidade de cada ônibus é de 60 passageiros, qual deverá ser o número de passageiros em cada ônibus, a fim de que o empresário obtenha a maior receita possível?

Resolução sem usar o que foi visto pelo aluno quando estudou a equação do 1º grau

Seja r = receita. Logo, r = número de passageiros vezes pagamento por passageiro. Se o número de passageiros passar de 40 para 41, então, pagamento por passageiro = 350 – 5 (1) = 350 – 5 (41 – 40). Se o número de passageiros passar de 40 para 42, então, pagamento por passageiro = 350 – 5 (2) = 350 – 5 (42 – 40). E assim por diante. Se o número de passageiros for x, então, pagamento por passageiro = 350 – 5 (x – 40) = 550 – 5x. Como x corresponde ao número de passageiros, e a receita é igual ao número de passageiros vezes pagamento por passageiro, logo,

$$R(x) = x\,(550 - 5x) = -5x^2 + 550x$$

Já que a equação da receita é do 2º, logo, seu gráfico é uma parábola. Como o coeficiente de x^2 é negativo, então, a receita atinge o máximo no vértice da parábola. Como o vértice da parábola é dado por:

$$V_x = \frac{-b}{2a}$$ e como a = – 5 e b = 550, logo:

$$V_x = \frac{-550}{2(-5)} = 55.$$ Portanto x = 55.

Como x corresponde ao número de passageiros, logo, para o empresário obter a maior receita possível, ele deve alugar cada ônibus para grupo de 55 passageiros. Se o empresário alugar ônibus para grupo com menos de 55 passageiros ou mais, a receita será menor. Como encontrar a equação $r(x) = -5x^2 + 550x$ usando o que foi visto pelo aluno quando estudou a equação do 1º grau. Sejam q, p e r, respectivamente, quantidade de passageiros, preço por passageiro e receita. A receita é igual ao preço por passageiro vezes a quantidade de passageiros, ou seja, r = p.q. Se a quantidade de passageiros for 40, o preço por passageiro é R$350,00. Se a quantidade de passageiros aumentar para 41, o preço por passageiro reduzirá para R$345,00. Em resumo temos:

Q	p
40	R$350,00
41	R$345,00

Como dois pontos determinam uma reta, logo: (40, 350) e (41, 345). Com os dois pontos obtém-se o seguinte sistema de equação:

$$40a + b = 350$$

$$41a + b = 345$$

Resolvendo esse sistema de equações lineares, obtém-se: a = – 5 e b = 550. A equação correspondente ao preço (p) em função da quantidade (q) é:

$$p = -5q + 550 \text{ (eq. 1)}$$

Substituindo na equação 1, q = 40, obtém-se: p = R$350.00. Como a receita é igual a p.q, logo, multiplicando ambos os membros da equação 1 por q, obtém-se:

$$p.q. = -5\,q.q + 550q \text{ ou } r(q) = -5q^2 + 550q.$$

Trocando q por x, obtém-se: $r(x). = -5x^2 + 550x$.

20. Um agricultor tem uma área plantada com 60 laranjeiras, e deseja plantar mais algumas laranjeiras, sem aumentar a área. Seu vizinho, que tem experiência há muitos anos, informou, ao agricultor, o seguinte: cada laranjeira produzirá menos 4 laranjas, por cada

laranjeira adicional plantada na mesma área. Se cada laranjeira produz em média 400 laranjas por ano, o agricultor quer saber, quantas laranjeiras deverá plantar, além das 60, a fim de que o número de laranjas colhidas seja o maior possível?

Resolução:

Seja t = total de laranjas colhidas. Logo, t = número de laranjeiras plantadas vezes o número de laranjas colhidas por laranjeira. Se o número de laranjeiras plantadas passar de 60 para 61, então, número de laranjas colhidas por laranjeira = 400 – 4 (61 – 60). Se o número de laranjeiras plantadas for x, então, número de laranjas colhidas por laranjeiras = 400 – 4 (x – 60) = 640 – 4x. Como x corresponde ao número de laranjeiras plantadas, e o total de laranjas colhidas é igual ao número de laranjeiras plantadas vezes o número de laranjas colhidas por laranjeiras, logo, t = x (640 – 4x) = – $4x^2$ + 640x. Já que a equação é do 2° grau, logo, seu gráfico é uma parábola. Como o coeficiente de x^2 é negativo, então, o total de laranjas colhidas será máximo, quando o valor de t atingir o vértice da parábola. Como o vértice da parábola é dado por:

$$V_x = \frac{-b}{2a}$$ e já que a = – 4 e b = 640, logo:

$$V_x = \frac{-b}{2a}$$ e como a = – 4 e b = 640, logo:

$$V_x = \frac{-640}{2(-4)} = 80$$. Portanto x = 80.

Resposta: como x corresponde ao número de laranjeiras plantadas, logo, para o agricultor colher o maior número possível de laranjas, sem aumentar a área, ele deverá plantar 80 laranjeiras, ou seja, 20 laranjeiras além das 60. Se ele plantar mais de 80 laranjeiras ou menos, sem aumentar a área, o número de laranjas colhidas será menor.

PARTE XII

PROBLEMAS PROPOSTOS

1. Existirá outra maneira para achar a equação, **t (x) = – 4x² + 640x**. Do problema resolvido de número 19? (veja apêndice)
2. Numa grande papelaria o preço de uma lapiseira é R$5,00 e são vendidas 2600 unidades num dia sem promoção. Entretanto o proprietário da papelaria sabe que para cada redução de R$1,00 no preço de cada lapiseira são vendidas 660 unidades a mais que num dia sem promoção.
   a. Calcule o valor recebido pela papelaria, com as vendas de lapiseiras, num dia sem promoção;
   b. Calcule o valor recebido pela papelaria, com as vendas de lapiseiras, num dia em que o preço de cada lapiseira é R$3,00;
   c. Calcule o valor recebido pela papelaria, com as vendas de lapiseiras, num dia em que o preço de cada lapiseira é R$4,00;
   d. Pelos valores calculados nos itens b e c, você pode concluir que deve existir um preço para a unidade da lapiseira para o qual o valor recebido pelo proprietário da papelaria seja máximo, ou seja, o maior possível. Esse valor é chamado de valor ótimo ou receita máxima. Escreva a expressão que determina a receita recebida pelo proprietário da papelaria em função do preço p com as reduções de R$1,00 no preço de cada lapiseira.

PARTE XIII

RESPOSTAS DOS PROBLEMAS PROPOSTOS

1.

Número de laranjeiras	Laranjas produzidas
60	400
61	396

Como dois pontos determina uma reta, logo: (60, 400) e (61, 396)

$$60a + b = 400$$
$$61a + b = 396$$

Resolvendo esse sistema de equações lineares, obtém-se: $a = -4$ e $b = 640$. Se o número de laranjeiras plantadas for **x**, então,

número de laranjas colhidas por laranjeiras = $-4x + 640$.

Como **x** corresponde ao número de laranjeiras plantadas, e o total de laranjas colhidas é igual ao número de laranjeiras plantadas vezes o número de laranjas colhidas por laranjeiras, logo,

$$t = x\,(640 - 4x) = -4x^2 + 640x.$$

2. Seja p o preço da lapiseira, q a quantidade vendida e R a receita. Temos o seguinte esquema:

p	q	R
R$5,00	2600	R$13.000,00
R$4,00	3260	R$13.040,00

Como dois pontos determina uma reta, logo: (5, 2600) e (4, 2625)

$$5a + b = 2600$$
$$4a + b = 3260$$

Resolvendo esse sistema de equações lineares, obtém-se: $a = -1$ e $b = 25$. Se o preço da lapiseira for p e a quantidade de lapiseira vendida for q, então, q = – p + 25p (1). Como a receita é igual ao preço vezes a quantidade, logo, r = p*q. (2). Multiplicando ambos os membros da equação (1) por p, obtém-se:

> R (p) = – p^2 + 25p (modelo matemático da receita da papelaria)

a. Receita = p*q = R$5,00*2600 = R$13.000,00
b. R (3) = – $(3)^2$ + 25*3 = – R$9,00 + R$7.815,00 = R$7.806,00
c. R (4) = – $(4)^2$ + 2605*4 = – R$16,00 + R$10.420,00 = R$10.404,00
d. R (p) = – p^2 + 2605p. Para encontrar o preço que maximiza a receita, basta calcular o valor do vértice da parábola.

PARTE XIV

MODELAGEM DE SISTEMAS DE EQUAÇÕES EM PROBLEMAS DA VIDA REAL

Atualmente, nas escolas brasileiras do ensino fundamental, o professor ensina o aluno a resolver sistemas de equações lineares, mas não mostra um problema contextualizado sobre sistemas de equações lineares, no qual seja preciso usar a modelagem Matemática. Veremos, a seguir, vários problemas nos quais são usados a modelagem do sistema de equações lineares.

FLAGRANTE DA VIDA REAL

Raimundo, filho de um empresário, frequentava a escola do ensino fundamental. Certo dia, numa aula o professor Sebá ensinou como resolver um sistema de equações lineares. No fim da aula, o professor Sebá passou vários exercícios para casa. A mãe de Raimundo, quando ele chega em casa, pergunta:

— Raimundo, qual o dever de casa?

Raimundo responde:

— Resolver sistema de equações lineares.

O pai de Raimundo, ao ouvir falar em sistema de equações lineares, diz:

— Na época em que estudei o ensino fundamental, nunca tive o menor interesse em aprender resolver sistema de equações lineares.

— Pois papai na próxima aula o professor Sebá vai nos mostrar uma aplicação do sistema de equações lineares numa situação real.

Em seguida diz ao filho:

— Meu filho, pergunte ao professor Sebá se, por meio de um sistema de equações lineares, será possível ele resolver um problema que ocorre na minha fábrica que até hoje não consegui resolver?

— E quais as informações, sobre sua fábrica, que deverei fornecer ao professor Sebá?

— Anote aí: na minha fábrica são produzidos triciclos e bicicletas. Todos, triciclos e bicicletas, têm rodas do mesmo tamanho. Num só dia, a fábrica produz 99 rodas. Se com 99 rodas montam 37 desses veículos, a pergunta é: quantas bicicletas e triciclos são produzidos?

Na aula seguinte, Raimundo apresenta o problema ao professor Sebá. Ao lê-lo, o professor Sebá diz para a turma:

— Bem, pessoal, eu ia formular para vocês, um problema hipotético para ser resolvido por meio de sistema de equações lineares, mas Raimundo me apresentou um problema que seu pai formulou, relacionado com suas atividades de fabricante de bicicletas e triciclos. Vou ler o problema para vocês. Após lê-lo, o professor Sebá vai ao quadro-negro e escreve:

Resolução:

Sejam x e y, respectivamente, o número de triciclos e bicicletas. Como foram montados 37 veículos, logo:

$$x + y = 37 \qquad (1)$$

Já que para montar cada triciclo são necessárias 3 rodas, logo, como o número de triciclos é igual a x, então, o produto de 3 por x (3x) dá o número de rodas para montar cada triciclo. Já que para montar cada bicicleta são necessárias 2 rodas, logo, como o número de bicicletas é igual a y, então, o produto de 2 por y (2y) dá o número de rodas para montar cada bicicleta. Como 3x + 2y, é o número de rodas necessárias para montar 99 veículos, então:

$$3x + 2y = 99 \qquad (2)$$

Combinando a (1) e a (2), obtém-se o seguinte modelo de um sistema de equações lineares:

$$x + y = 37$$
$$3x + 2y = 99$$

Resolvendo o sistema de equações lineares, obtém-se: x = 15 e y = 12. Resposta: Serão produzidos: 25 triciclos e 12 bicicletas.

Para que ensinar a resolver sistema de equações lineares, somente pelo fato de esses assuntos fazerem parte do currículo do Ministério da Educação? Para mim é coisa que, isolada, não significa absolutamente nada. Pior: atrapalha a carreira de muitos jovens. Como podemos esperar algum resultado do ensino da Matemática se suas ementas não mencionam aplicações? Ou será que o que consta nas ementas é apenas para ser cobrado nas provas? Como seria estimulante, para todos os alunos, se o professor mostrasse o quanto é poderoso e fundamental aquilo que estão aprendendo!

PARTE XV

PROBLEMAS PROPOSTOS SOBRE SISTEMA DE EQUAÇÃO LINEAR

1. O dono de uma lanchonete fez a seguinte promoção:

   Cachorro-quente com uma salsicha por R$5,00

   Cachorro-quente com duas salsichas por R$8,00

   Com essa promoção ele "faturou" R$81,00. Quantas salsichas foram consumidas nos sanduíches sabendo que foram usados 15 pães?

2. O jogador pipoca, numa partida, acertou x arremessos de 2 pontos e y arremessos de 3 pontos. Ele acertou 25 arremessos e marcou 55 pontos. Quantos arremessos de 3 pontos ele acertou?

3. Na geladeira de Ana há 15 litros de refrigerantes, dispostos tanto em garrafas de um litro e meio, quanto de 600ml. Qual é a quantidade de garrafas de cada capacidade sabendo-se que são 13 garrafas no total?

4. Pedrinho comprou duas coxinhas e um refrigerante de dois litros pelos quais pagou R$7,00. Seu irmão Joãozinho comprou uma coxinha e um refrigerante de dois litros a mais que Pedrinho, pagando R$11,00. Qual foi o preço do refrigerante e o da coxinha?

5. Em uma prateleira há 42 produtos em embalagens de 400 gramas e de 500 gramas, num total de 18,5 quilos. Quantas embalagens de 400 gramas precisam ser retiradas para que o número de embalagem de 400 gramas seja o mesmo que o número de embalagem de 500 gramas?

6. Comprando 5 unidades de um produto a mais 3 unidades de um produto b, terei que desembolsar R$90,00. Se eu comprar 15 unidades do produto a e 11 unidades do produto b, pagarei R$250,00. Qual é o preço unitário de cada um dos produtos?

7. Comprei num supermercado arroz a R$2,00 o quilo e feijão a R$3,00 o quilo, pagando R$13,00. Na vendinha do seu Joaquim o arroz teria custado R$3,00 o quilo e o feijão R$4,50 o quilo, pagando R$19,50 no total. Quantos quilos foram comprados de cada item?
8. Num pasto há tanto bois quanto cavalos, num total de 50 animais. Somando-se o número de patas de boi ao número de patas de cavalos, obtém-se um total de 180 patas. Quantos cavalos existem no pasto, sabendo-se que todos os animais são normais?
9. Bob pai e bob filho, dois cachorros, sobem juntos em uma balança e ela marca 18,5 kg; como bob pai é mais pesado que o filho fosse necessários 4 bobs filhos para contrabalançar um bob pai: qual é o peso de cada cachorro?
10. Devo entregar 48 maçãs em caixas de dois tamanhos diferentes. Posso entregar 2 caixas grandes e 4 pequenas ou 3 caixas grandes e 2 pequenas. Quantas maçãs vão em cada caixa grande e em cada caixa pequena?
11. Rafael comprou tela de arame para cercar um terreno em formato retangular. Gastou 48m para cercá-lo e o fez de tal forma que o comprimento resultou no triplo da largura. Quais as dimensões desse terreno?
12. Uma herança de R$50.000,00 foi deixada para dois irmãos. No testamento, ficou estabelecido que o filho mais novo devesse receber R$18.000,00 a mais do que o irmão mais velho. Qual a parte que cabe a cada um?
13. Marcélia comprou um conjunto de calça e blusa. Pela calça, pagou o dobro que pagou pela blusa. Deu em pagamento uma nota de R$50,00 e duas de R$20,00, recebendo de troco uma nota de R$5,00 e uma nota de R$2,00. Quanto custou cada peça de roupa comprada por ela?
14. Letícia comprou 2 canetas e 3 lápis que estavam em promoção na papelaria na dona helena, pagando R$5,00 por tudo. Ao contar a novidade para a Dora, esta foi correndo à papelaria e comprou 4 canetas e 5 lápis, gastando R$9,50. Quando a Victória ficou sabendo das novas aquisições das amigas e da superpromo-

ção, aproveitou para comprar uma caneta e dois lápis. Quanto ela gastou?

15. Um vendedor tem em sua loja 100 automóveis de três tipos: simples, de luxo e executivo. A soma do número de carros de luxo com o dobro do número de carros executivos é 40; o triplo do número de carros executivos dá 30. Quantos carros há de cada tipo?

16. Escreva uma equação usando as variáveis a e p para representar a seguinte afirmação: "há seis vezes mais alunos do que professores neste colégio". Use a para indicar o número de alunos e p para indicar o número de professores.

17. Escreva uma equação usando as variáveis q e t para representar a seguinte afirmação: "na confeitaria da Indy, para cada quatro pessoas que pedem queijada, cinco pedem torta de maçã." Use q para indicar o número de queijadas e t para indicar o número de tortas de maçã.

18. Num quintal há galinhas e coelhos. Há 7 cabeças e 22 pés. Quantas são as galinhas? Quantos são os coelhos?

19. Foram ao cinema x crianças e y adultos, num total de 100 pessoas. Cada criança pagou R$2,00; cada adulto pagou R$6,00. O espetáculo rendeu, ao dono do cinema, R$280,00. Qual era o número de crianças e de adultos que foram ao cinema?

20. Fiz uma prova que tinha 20 questões. Em cada questão certa eu ganhava 5 pontos, mas em cada questão errada eu perdia 2 pontos. Terminei fazendo 65 pontos. Quantas questões acertei? E quantas errei?

21. Numa turma estudam 33 alunos. O número de meninas supera o de meninos em 5. Quantas são as meninas? Quantos são meninos?

22. A soma das idades de dois irmãos é igual a 28 anos e a diferença é 12 anos. Qual é a idade do mais velho? E a do mais novo?

23. Escreva uma equação usando as variáveis **m** e **km** para representar a seguinte afirmação: "um quilômetro é igual a 1000 metros." Use **m** para indicar metros e **km** para indicar quilômetro.

24. Uma pousada dispõe de 60 quartos, alguns duplos (para duas pessoas) e outros triplos (para três pessoas), pode acomodar exatamente 162 hóspedes. Pergunta-se: quantos quartos duplos e triplos há nessa pousada?

25. Uma companhia de navegação tem três tipos de recipientes a, b e c, que carrega cargas em containers de três tipos I, II e III. As capacidades dos recipientes são dadas pela matriz:

Matriz	Tipo I	Tipo II	Tipo III
Recipiente a	4	3	2
Recipiente b	5	2	3
Recipiente c	2	2	3

Quais são os números de recipientes x_1, x_2 e x_3 de cada categoria a, b e c, se a companhia deve transportar 42 containers do tipo i, 27 containers do tipo II e 33 containers do tipo III.

26. Uma lata cheia de achocolatado em pó pesa 400 gramas. A lata, com apenas metade da quantidade de achocolatado, pesa 250 gramas. Quanto pesa a lata vazia.

PARTE XVI

RESOLUÇÃO DOS PROBLEMAS PROPOSTOS SOBRE SISTEMA DE EQUAÇÕES LINEARES

Supondo que o aluno aprendeu a resolver sistema de equações lineares, vamos apenas modelar o sistema para cada problema. Os valores de x e y serão determinados pelo aluno.

1. Resolução

   Sejam:

   x = pão com uma salsicha

   y = pão com duas salsichas

   Como para cachorro-quente é usado um pão, logo, x + y dá o total de pães. Como foram usados 15 pães, logo, x + y = 15. Como o pão com uma salsicha é R$5,00, logo, o dono da lanchonete faturou 5 vezes x, ou seja, 5x. Já que o pão com duas salsichas é R$8,00, logo, ele faturou 8 vezes y, ou seja, 8y. Se com a promoção ele faturou R$81,00, logo, 5x + 8y = 81. O sistema de equações é:

   $$x + y = 15$$
   $$5x + 8y = 81$$

2. Como x são arremessos de 2 pontos e y são arremessos de 3 pontos, logo, x + y é igual ao número de arremessos que pipoca acertou. Já que pipoca acertou 25 arremessos, logo, x + y = 25. Se pipoca acertou x arremessos de 2 pontos, logo, o número de pontos é igual ao produto de 2 por x, ou seja, 2x. Se pipoca acertou y arremessos de 3 pontos, logo, o número de pontos é igual ao produto de 3 por y, ou seja, 3y. Como pipoca marcou 55 pontos, logo, 2x + 3y = 55. O sistema de equações é:

   $$x + y = 25$$
   $$2x + 3y = 55$$

3. Resolução

Sejam:

x = garrafas de um litro e meio = 1,5 litro

y = garrafas de 600ml = um litro

Somando x e y dá o total de garrafas na geladeira; logo: x + y = 13. O número de garrafas de 1,5 litro que tem na geladeira é igual o produto de 1,5 por x, ou seja, 1,5x. E o número de garrafas de 1 litro que tem na geladeira é igual o produto de 1 por y, ou seja, 1y. Como são 15 litros de refrigerantes, logo, 1,5x + y = 15. O sistema de equações é:

$$x + y = 13$$
$$1{,}5x + y = 15$$

4. Resolução

Sejam:

x = o preço de uma coxinha

y = o preço de um refrigerante de dois litros

Como Pedrinho comprou 2 coxinhas, logo, o valor das duas coxinha é o produto de 2 por x, ou seja, 2x. Já que o preço de um refrigerante é y, logo, 2x + y = 7. Já que Joãozinho comprou uma coxinha, logo, o valor da coxinha é x. Como Joãozinho comprou um refrigerante a mais do que Pedrinho, logo, ele comprou dois refrigerantes. O valor dos dois refrigerantes é o produto de 2 por y, ou seja, 2y. Como Joãozinho pagou 11 u.m, logo, x + 2y = 11. O sistema de equações é:

$$2x + y = 7$$
$$x + 2y = 11$$

5. Resolução

Sejam:

x = produtos de 400 gramas

y = produtos de 500 gramas

Como 18,5 quilos = 18500 gramas, logo, o sistema de equações é:

$$400x + 500y = 18500$$

$$x + y = 42$$

6. Resolução

   Sejam:

   x = produto a

   y = produto b

   O desembolso na compra do produto a é o produto de 5 vezes x, ou seja, 5x. E o desembolso na compra do produto b é o produto de 3 vezes y, ou seja, 3y. Se o desembolso total na compra de a e b é R$90,00, logo, $5x + 3y = 90$. Com um raciocínio idêntico chega-se à seguinte equação: $15x + 11y = 270$. O sistema de equação é:

$$5x + 3y = 90$$
$$15x + 11y = 270$$

7. Resolução

   Sejam:

   x = arroz

   y = feijão

   O pagamento na compra de x é o produto de 2 vezes x, ou seja, 2x. E o pagamento na compra de y é o produto de 3 vezes y, ou seja, 3y. Se o pagamento total na compra de x e y é R$13,00, logo, $2x + 3y = 13$. Com um raciocínio idêntico chega-se à segunda equação: $3x + 4{,}50y = 19{,}50$. O sistema de equação é:

$$2x + 3y = 13$$
$$3x + 4{,}50y = 19{,}50$$

8. Resolução

   Sejam:

   x = bois

   y = cavalos

   Como o total de bois e cavalos é a soma de x e y e, além disso, o total de animais é 50, logo, $x + y = 90$. Já que tanto um boi como um cavalo tem 4 patas, logo, o número de patas de um boi é 4x e o número de patas de um cavalo é 4y. Como o total de patas é igual a 180, logo, $4x + 4y = 180$. O sistema de equação é:

$x + y = 90$

$4x + 4y = 180$

9. Resolução

Sejam:

x = bob pai

y = bob filho

Somando x e y temos o peso de bob pai e bob filho. Como o peso de bob pai mais o peso de bob filho é igual a 18,5 quilos, logo, $x + y = 18{,}5$. Já que seriam necessários 4 bob filho para contrabalançar um bob pai, logo, $4y = x$. O sistema de equações é:

$x + y = 18{,}5$

$4y = x$

10. Resolução

Sejam:

x = caixa pequena

y = caixa grande

Como pode ser entregue 2 caixas grandes e 4 caixas pequenas, logo, 2 vezes y igual 2y (número de maçãs na caixa grande) e 4 vezes x igual 4x (número de maçãs na caixa pequena). Já que o total de maçãs é igual a 48, logo, $4x + 2y = 48$. O raciocínio é mesmo para 3 caixas grandes e 2 pequenas, ou seja, $2x + 3y = 48$. O sistema de equações é:

$4x + 2y = 48$

$2x + 3y = 48$

11. Resolução

Sejam:

x = comprimento

y = largura

$2x + 2y = 48$ ou $x + y = 24$

O sistema de equações é:

$x + y = 24$

$x = 3y$

12. Resolução

    Sejam:

    x = irmão mais velho

    y = irmão mais novo

    O sistema de equações é:

    $y + x = 50000$

    $y - x = 18000$

13. Resolução

    Sejam:

    x = calça

    y = blusa

    Como Marcélia pagou pela calça o dobro que pagou pela blusa, logo, $x = 2y$. Deu em pagamento: R$70,00 (R$50,00 + R$20,00). Recebeu de troco: R$7,00 (R$5,00 + R$2,00). Pagou pelo conjunto de calça e blusa: R$63,00 (R$70,00 – R$7,00). A soma de x e y é igual a 63. Logo, $x + y = 63$. O sistema de equações é:

    $x = 2y$

    $x + y = 63$

14. No primeiro momento, vamos tentar representar matematicamente a situação apresentada. Vamos combinar que o preço de cada caneta será representado pela letra x e o preço de cada lápis pela letra y. Podemos escrever a compra da Letícia desta forma: $2x + 3y = 5$. Note que, nessa equação, temos duas incógnitas: x e y. Já a compra efetuada pela Dora pode ser representada, em linguagem Matemática, da seguinte forma: $4x + 5y = 9{,}50$. Esta equação possui as mesmas incógnitas x e y. Duas equações diferentes, com as mesmas incógnitas. O sistema de equações é:

    $2x + 3y = 5$

    $4x + 5y = 9{,}50$

15. Transcrevermos a situação proposta para a linguagem Matemática, vamos utilizar a letra x para nos referirmos aos automóveis

simples, y os automóveis de luxo e z os automóveis executivos. Podemos verificar que a disposição dos elementos apresenta o seguinte sistema de equações:

$$x + y + z = 100$$
$$y + 2z = 40$$
$$3z = 30$$

16. Resposta: $A = 6p$

17. Resposta: $5Q = 4T$

18. Resolução

Sejam:

x = galinha

y = coelho

19. Como o total de galinhas e coelhos é a soma de x e y e, além disso, o total de cabeças é 7, logo, $x + y = 7$. Já que uma galinha tem 2 pés e um coelho tem 4, logo, o número de pés de uma galinha é 2x e o número de pés de um coelho é 4y. Como o total de pés é igual a 22, logo, $2x + 4y = 22$. O sistema de equações é:

$$x + y = 7$$
$$2x + 4y = 22$$

20. Pelo enunciado do problema temos: $x + y$ é o total de crianças e adultos, logo, $x + y = 100$.
Se cada criança pagou R$2,00, logo, as x crianças pagaram 2x. Se cada adulto pagou R$6,00, logo, os adultos pagaram 6y. Somando o que as crianças e os adultos pagaram, temos: $2x + 6y = 280$. O sistema de equações é:

Resolução

$$x + y = 100$$
$$2x + 6y = 280$$

21. Resolução

Sejam:

x = número de questões certas

y = número de questões erradas

A soma das questões é x + y, logo, x + y = 20. Se em cada questão certa ganhava 5, logo, o número de pontos ganhos é 5x. Se em cada questão errada perdia 2, logo, o número de pontos perdidos é menos 2y. Se fez 65. Pontos, logo, 5x – 2y = 65. O sistema de equações é:

$$x + y = 20$$

$$5x - 2y = 65$$

22. Resolução

Sejam:

x = meninos

y = meninas

A soma dos alunos da turma é y + x, logo, y + x = 33. Se o número de meninas supera o número de meninos em 5, logo, y = x + 5. O sistema de equação é:

$$y + x = 33$$

$$y - x = 5$$

23. Resolução

Sejam:

x = idade do mais velho

y = idade do mais moço

A soma das idades é x + y, logo, x + y = 28. A diferença das idades é x + y, logo, x + y = 12. O sistema de equações é:

$$x + y = 28$$

$$x - y = 12$$

24. Resolução: m = 1000km

25. Resolução

Sejam:

x = quartos para duas pessoas

y = quartos para três pessoas

Como x corresponde a quartos para duas pessoas e y corresponde a quartos para três pessoas e, além disso, a pousada dispõe de 60 quartos, logo, $x + y = 60$. O número de quartos para duas pessoas é dado por: 2x. E o número de quartos para três pessoas é dado por: 3y. Como pode acomodar-se 162 pessoas, logo, $2x + 2y = 162$. O sistema de equações é:

$$x + y = 60$$
$$2x + 2y = 162$$

26. A montagem do sistema linear fica na forma:

$$4\,x1 + 5\,x2 + 2\,x3 = 423$$
$$x1 + 2\,x2 + 2\,x3 = 272$$
$$x1 + 3\,x2 + 3\,x3 = 33$$

A resolução do sistema linear indicará o número de containers de cada tipo.

27. Resolução

Sejam:

L = lata vazia

C = conteúdo

A montagem do sistema linear fica na forma:

$$L + C = 400$$
$$L + \frac{1}{2}C = 250$$

PARTE XVII

COMO REDUZIR OS CUSTOS DE MATERIAL NAS ATIVIDADES DO COTIDIANO USANDO OS TERNOS PITAGÓRICOS

O teorema de Sebá é condição necessária e suficiente para um bom entendimento sobre aplicação dos ternos pitagóricos na confecção de caixas com a base no formato de um hexágono.

Teorema de Sebá

Se a, b e c forem inteiros, a equação $a^2 + b^2 = c^2$:

a. Tem apenas uma solução se **a** (cateto menor) for um primo ímpar;

b. Tem apenas uma solução se **a** for um par da forma 2p (em que p é um primo ímpar);

c. Se **a** for um par diferente de 2p, o número de soluções é igual ao número de divisores pares (k) de a^2 menores que a^2;

d. Se **a** for um ímpar composto, o número de soluções é igual ao número de divisores (k) de a^2 menores que a^2;

Demonstração

a. A equação $a^2 + b^2 = c^2$ pode ser escrita da seguinte forma: $c+b=\dfrac{a^2}{c-b}$ (1)

Uma vez que c e b são inteiros, logo, c – b tem que dividir a^2 sem deixar resto. Logo, c – b são o os divisores positivos de a^2. Como a^2 é um primo ímpar, os divisores de a^2 são: a^2, a e 1. Substituindo a^2, a e 1 na (1), obtém-se os seguintes sistemas de equações:

$$S_1\begin{cases}c-b=a^2\\c+b=1\end{cases}\qquad S_2\begin{cases}c-b=a\\c+b=a\end{cases}\qquad S_3\begin{cases}c-b=1\\c+b=a^2\end{cases}$$

Desses três sistemas de equações, somente o s_3 é compatível.

Resolvendo-o, obtém-se:

$$c = \frac{a^2 + 1}{2} \text{ e b = c – 1 (F.A.D.)} \qquad (2)$$

b. Substituindo [na (1) da letra a], **a** por 2p, obtém-se: $c + b = \frac{4p^2}{c - b}$. Já que c e b são inteiros, c – b tem que dividir $4p^2$ sem deixar resto. Logo, c – b são os divisores positivos de $4p^2$. Como 2p é par, logo, o número de soluções é igual ao número de divisores pares de $4p^2$ menores que 4p. Os divisores pares de $4p^2$ menores que 4p são: 2 e 4. Substituindo 2 e 4 por c – b, em $c + b = \frac{4p^2}{c - b}$, obtém-se os seguintes sistemas de equações:

$$S_1 \begin{cases} c - b = 2 \\ c + b = 2p^2 \end{cases} \qquad S_2 \begin{cases} c - b = 4 \\ c + b = p^2 \end{cases}$$

Já que **c** é inteiro, desses dois sistemas de equações somente o s_1 é compatível.
Resolvendo s_1, obtém-se: c = p^2 + 1 (3). Como a = 2p, logo, $p = \frac{a}{2}$. Substituindo na (3), p por $\frac{a}{2}$, obtém-se: $c = \frac{a^2}{4} + 1$ e b = c – 2 (FAD).

c. Seja c – b = k os divisores de a^2. Substituindo [na (1) da letra **a**], c – b por k obtém-se o seguinte sistema de equações:

$$c + b = \frac{a^2}{k} \text{ e } c - b = k$$

Resolvendo esse sistema de equações, obtém-se a seguinte solução:

$$2c = k + \frac{a^2}{k} \text{ ou } c = \frac{a^2 + k^2}{2k}. \ (5)$$

Como c – b = k, logo, b = c – k. Como 2c e k são sempre pares, a fim de que **c** seja inteiro $\frac{a^2}{k}$ têm que ser par. Quando **c** não for inteiro é porque 2k não divide a^2. Como 2k e a^2 são pares e, além disso, k são os divisores de a^2, se incluirmos os divisores ímpares de a^2, a soma $a^2 + k^2$ vai ser ímpar, e, consequentemente, $a^2 + k^2$ dividido por 2k vai ser fracionário. Foi por isso que consideramos somente os divisores pares de a^2. Se k = a, então, $c = \frac{a^2 + a^2}{2a} = a$. Como b = c – k, então, b = a – a = 0. Logo, os divisores pares de a^2 devem ser menores que "a". Portanto, se **a** for par diferente de 2p, o número de soluções é igual ao número de divisores pares de a^2 menores que $\mathbf{a^2}$ (FAD).

d. Pela letra **c**, já que um número ímpar composto tem apenas divisores ímpares, então, se "**a**" for ímpar, o número de soluções é igual ao número de divisores de a^2 menores que $\mathbf{a}^2$ (FAD).

A figura a seguir é um triângulo isósceles. Em relação à base qr, o segmento ps determina a altura, pois ps une o vértice p ao ponto médio s da base qr. A altura ps divide o triângulo isósceles em dois triângulos retângulos iguais: pqs e prs.

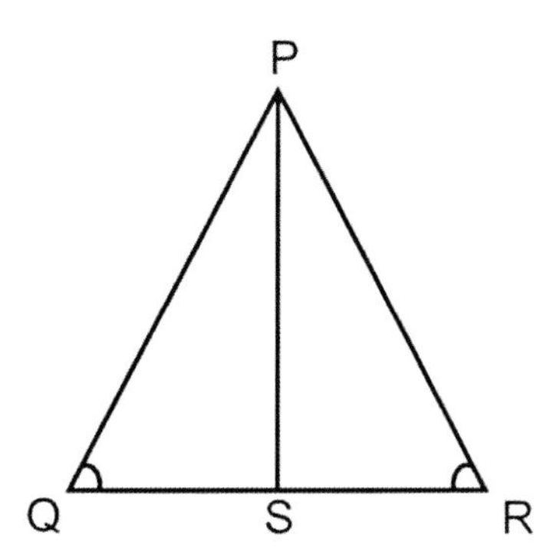

No triângulo retângulo qps, temos: pq = c (hipotenusa), qs = a (cateto menor) e ps = b (cateto maior). Como qr é a base do triângulo isósceles, logo, qr = qs + sr = a + a = 2a. As medidas dos lados do triângulo isósceles serão: base = qr = 2a, ps = b = h e qp = pr = c. De acordo com o que foi visto na parte 1:

Se **qs** = **a** for um primo, então, só existe um triângulo pitagórico e, além disso: $c = \frac{a^2+1}{2}$ e b = c − 1. Se **qs** = **a** for um par da forma 2p (p um primo ímpar), então, só existe um triângulo pitagórico e, além disso: $c = \frac{a^2}{4}+1$ e b = c – 2. Se **qs** = **a** for um par ≠ 2p ou um ímpar composto, então, existe mais de um triângulo pitagórico e, além disso: $c = \frac{a^2+k^2}{2k}$ e b = c – k.

Exemplo 1

Se a base do triângulo isósceles for qr = 6cm, pergunta-se: quais são as medidas, em números inteiros, dos lados iguais (c), da altura (h), da área (a) e do perímetro (p)?

Resolução

Como a base é igual a 6cm, logo, qr = 2a = 6cm e a = 3cm. Já que 3 é um primo, logo, só existe um triângulo isósceles com as medidas números inteiros. Os valores de "c" e "b" são dados, respectivamente, por:

$$c = \frac{3^2 + 1}{2} = 5 \text{ e b} = 5 - 1 = 4$$

Como c = 5 e b = 4, logo, lados iguais = 5cm e altura = 4

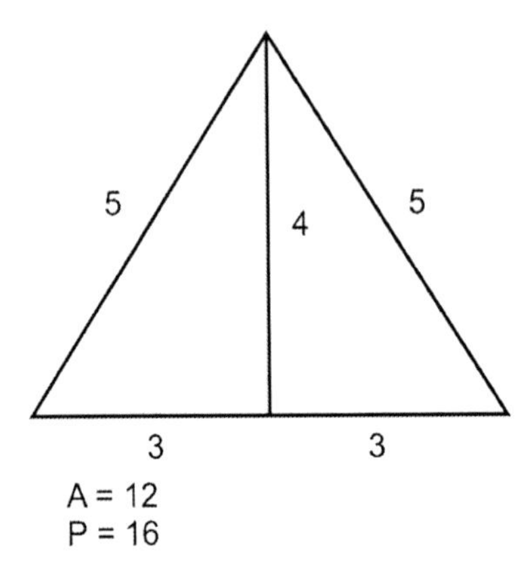

Para encontrar outro triângulo isósceles com perímetro diferente e mesma área, basta trocar as medidas: a = 3cm (metade da base) e b = 4cm (altura) por a = 4cm (metade da base) e b = 3cm (altura). Fazendo a troca, obtém-se: um triângulo isósceles com as seguintes medidas: base = 4cm + 4cm = 8cm, altura = 3cm e lados iguais = 5cm.

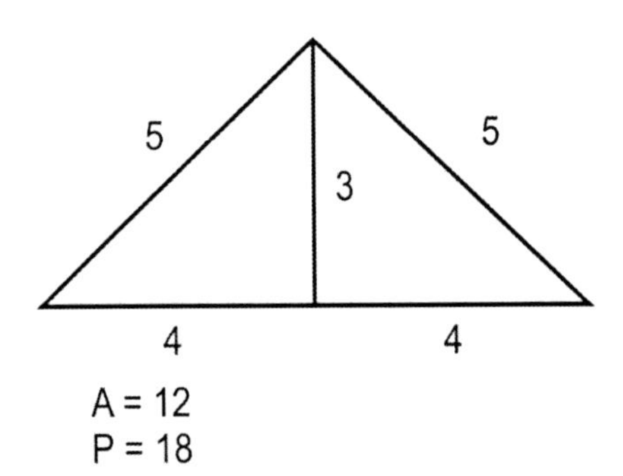

Como c = 5 e b = 3, logo, lados iguais = 5cm e altura = 3cm. Portanto os dois triângulos isósceles têm perímetros diferentes, mas as áreas são iguais.

Exemplo 2

Se a base do triângulo isósceles é qr = 12cm, pergunta-se: quais são as medidas, em números inteiros, dos lados iguais (c), da altura (h), da área (a) e do perímetro (p)?

Resolução:

Como a base é igual a 12cm, logo, qr = 2a = 12cm e a = 6cm. Já que 6 é um par da forma 2p (2x3), logo, só existe um triângulo isósceles com as medidas números inteiros. Os valores de "c" e "b" são dados, respectivamente, por:

$$c = \frac{6^2}{2} + 1 = 10 \text{ e b} = 10 - 2 = 8$$

Como c = 10 e b = 8, logo, lados iguais = 10cm e altura = 8cm

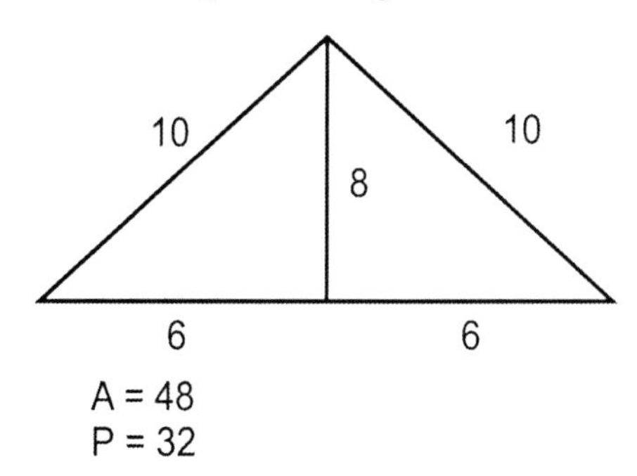

Para encontrar outro triângulo isósceles com perímetro diferente e mesma área, basta trocar as medidas: a = 6cm (metade da base) e b = 8cm (altura) por a = 8cm (metade da base) e b = 6cm (altura). Fazendo a troca, obtém-se: um triângulo isósceles com as seguintes medidas: base = 8cm + 8cm = 16cm, altura = 6cm e lados iguais = 10cm.

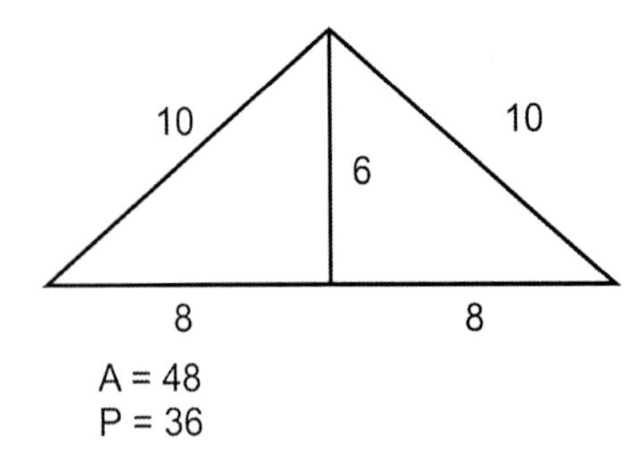

Portanto os dois triângulos isósceles têm perímetros diferentes, mas as áreas são iguais.

Exemplo 3

Se a base de um triângulo isósceles for qr = 18cm, pergunta-se: quais são as medidas, em números inteiros, dos lados iguais (c), da altura (h), da área (a) e do perímetro (p)?

Resolução:

Como a base é igual a 18cm, logo, qr = 2a = 18cm e a = 9cm. Já que 9 é um ímpar composto, logo, existe mais de um triângulo isósceles com as medidas números inteiros. Como os divisores de $9^2 < a$ são 1 e 3, logo, k = 1 e 3. Para k = 1 e a = 9, temos:

$$c = \frac{9^2 + 1}{2x1} = 41 \text{ e b} = 41 - 1 = 40$$

Como c = 41 e b = 40, logo, lados iguais = 41cm e altura = 40.

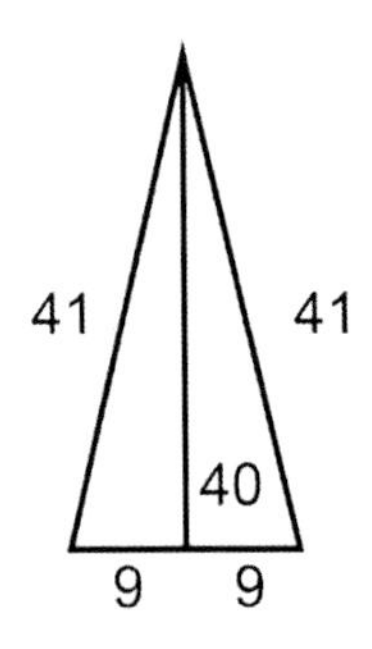

Para encontrar outro triângulo isósceles com perímetro diferente e mesma área, basta trocar as medidas: a = 9cm (metade da base) e b = 40cm (altura) por a = 40cm (metade da base) e b = 9cm (altura). Fazendo a troca, obtém-se: um triângulo isósceles com as seguintes medidas: base = 40cm + 40cm = 80cm, altura = 9cm e lados iguais = 41cm. Como c = 41 e b = 9, logo, lados iguais = 41cm e altura = 9.

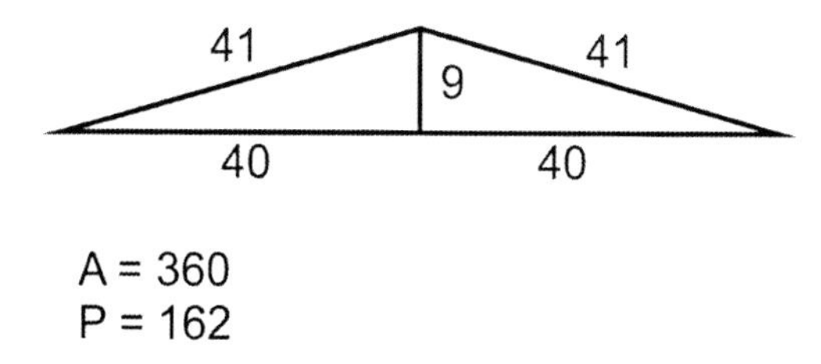

Portanto os dois triângulos isósceles têm perímetros diferentes, mas as áreas são iguais. Para k = 3 e a = 9, temos:

$$c = \frac{9^2 + 3^2}{2x3} = 15 \text{ e b} = 15 - 3 = 12$$

Como c = 15 e b = 12, logo, lados iguais = 15cm e altura = 12.

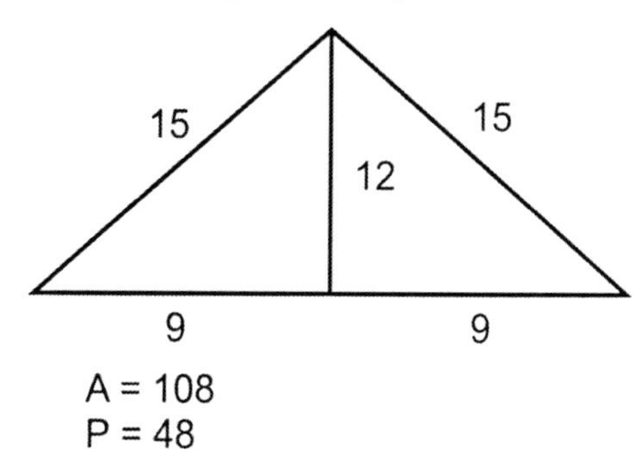

Para encontrar outro triângulo isósceles com perímetro diferente e mesma área, basta trocar as medidas: a = 9cm (metade da base) e b = 12cm (altura) por a = 12cm (metade da base) e b = 9cm (altura). Fazendo a troca, obtém-se: um triângulo isósceles com as seguintes medidas: base = 12cm + 12cm = 24cm, altura = 9cm e lados iguais = 15cm. Como c = 15 e b = 9, logo, lados iguais = 15cm e altura = 9.

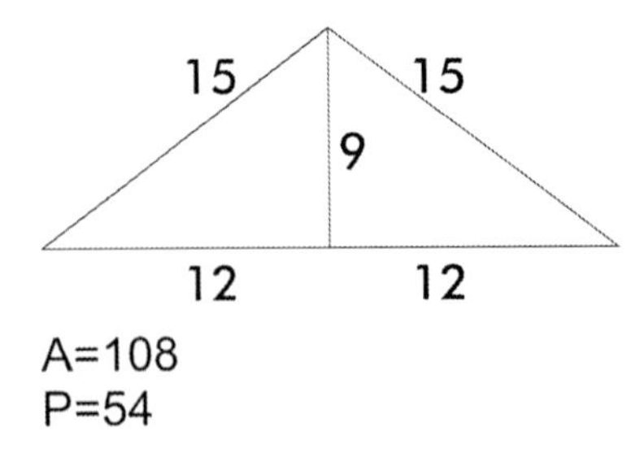

Portanto os dois triângulos isósceles têm perímetros diferentes, mas as áreas são iguais.

Exemplo 4

Se a base de um triângulo isósceles for qr = 24cm, pergunta-se: quais são as medidas, em números inteiros, dos lados iguais (c), da altura (h), da área (a) e do perímetro (p) ?

Resolução

Como a base é igual a 24cm, logo, qr = 2a = 24cm e a = 12cm. Já que 12 é um par, logo, existe mais de um triângulo isósceles com as medidas números inteiros. Como os divisores de $12^2 < a$ são 2, 4, 6 e 8, logo, k = 2, 4, 6 e 8.

Para k = 2 e a = 12, temos:

$$c = \frac{12^2 + 2^2}{2x2} = 37 \text{ e b} = 37 - 2 = 35$$

Como c = 37 e b = 35, logo, lados iguais = 37cm e altura = 35

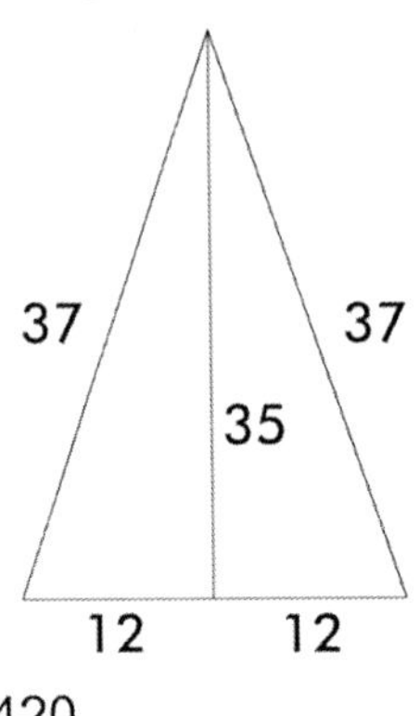

Para encontrar outro triângulo isósceles com perímetro diferente e mesma área, basta trocar as medidas: a = 12cm (metade da base) e b = 35cm (altura) por a = 35cm (metade da base) e b = 12cm (altura). Fazendo a troca, obtém-se: um triângulo isósceles com as seguintes medidas: base = 35cm + 35cm = 70cm, altura = 12cm e lados iguais = 37cm.

Como c = 37 e b = 12, logo, lados iguais = 37cm e altura = 12

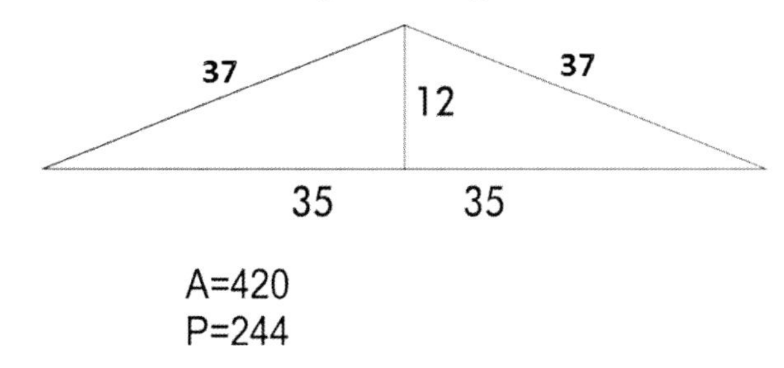

Portanto os dois triângulos isósceles têm perímetros diferentes, mas as áreas são iguais.

Para k = 4 e a = 12, temos:

$$c = \frac{12^2 + 4^2}{2x4} = 20 \text{ e b} = 20 - 4 = 16$$

Como c = 20 e b = 16, logo, lados iguais = 20cm e altura = 16

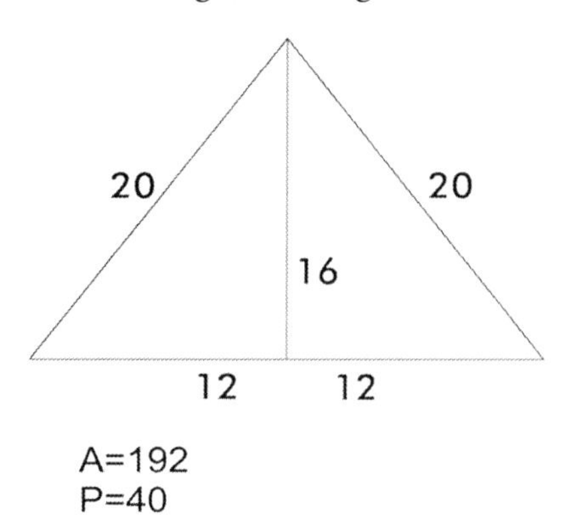

Para encontrar outro triângulo isósceles com perímetro diferente e mesma área, basta trocar as medidas: a = 12cm (metade da base) e b = 16cm (altura) por a = 16cm (metade da base) e b = 12cm (altura). Fazendo a troca, obtém-se: um triângulo isósceles com as seguintes medidas: base = 16cm + 16cm = 32cm, altura = 12cm e lados iguais = 20cm. Como c = 20 e b = 12, logo, lados iguais = 20cm e altura = 12

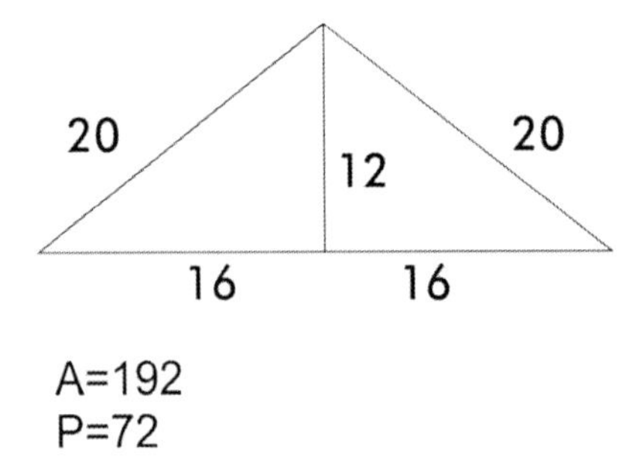

Portanto os dois triângulos isósceles têm perímetros diferentes, mas as áreas são iguais. Para k = 6 e a = 12, temos:

$$c = \frac{12^2 + 6^2}{2x6} = 15 \text{ e b} = 15 - 6 = 9$$

Como c = 15 e b = 9, logo, lados iguais = 15cm e altura = 9

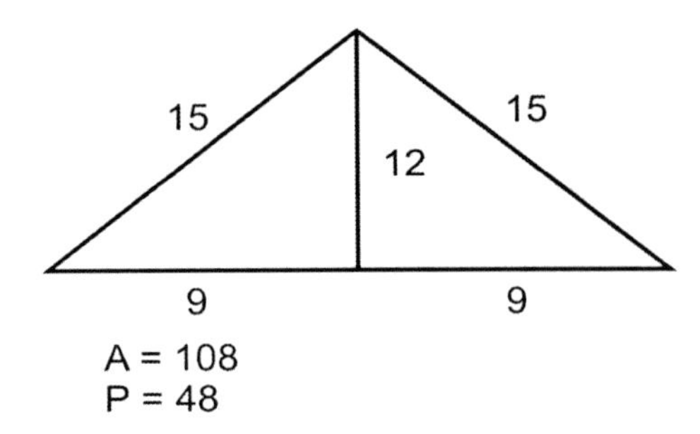

Para encontrar outro triângulo isósceles com perímetro diferente e mesma área, basta trocar as medidas: a = 12cm (metade da base) e b = 9cm (altura) por a = 9cm (metade da base) e b = 12cm (altura). Fazendo a troca, obtém-se: um triângulo isósceles com as seguintes medidas: base = 9cm + 9cm = 18cm, altura = 12cm e lados iguais = 15cm. Como c = 15 e b = 12, logo, lados iguais = 15cm e altura = 12

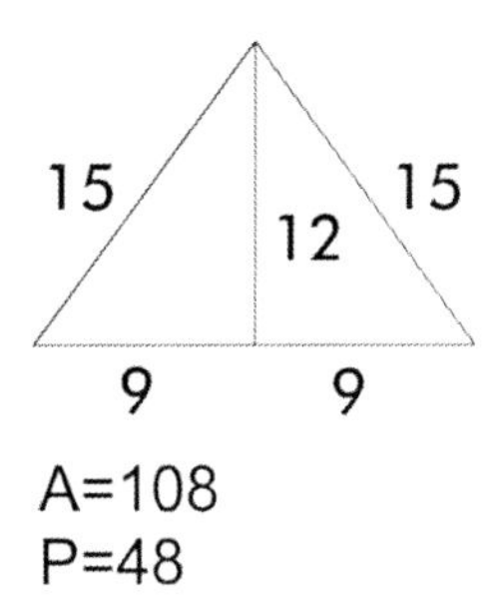

Portanto os dois triângulos isósceles têm perímetros diferentes, mas as áreas são iguais. Para k = 8 e a = 12, temos:

$$c = \frac{12^2 + 8^2}{2x8} = 13 \text{ e b} = 13 - 8 = 5$$

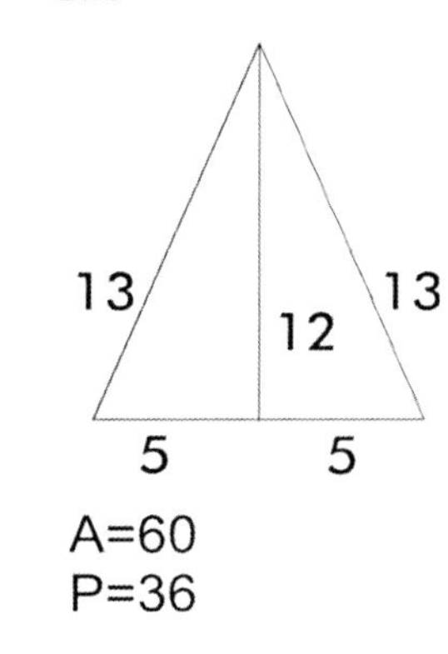

Como c = 13 e b = 5, logo, lados iguais = 13cm e altura = 5

Para encontrar outro triângulo isósceles com perímetro diferente e mesma área, basta trocar as medidas: a = 12cm (metade da base) e b = 5cm (altura) por a = 5cm (metade da base) e b = 12cm (altura). Fazendo a troca, obtém-se: um triângulo isósceles com as seguintes medidas: base = 5cm + 5cm = 10cm, altura = 12cm e lados iguais = 13cm. Como c = 13 e b = 5, logo, lados iguais = 13cm e altura = 5

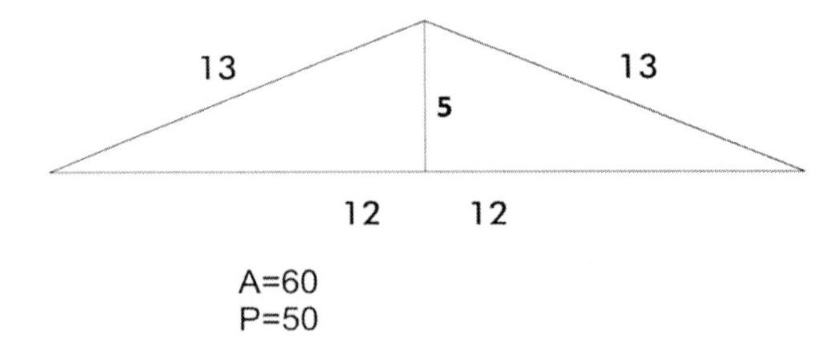

Portanto os dois triângulos isósceles têm perímetros diferentes, mas as áreas são iguais.

FLAGRANTE DA VIDA REAL

João, após sua aposentadoria, resolveu dedicar seu tempo na confecção de latas. A última encomenda que João recebeu foi a confecção de latas com fundo em forma de um hexágono. O problema que João se defronta é o seguinte: como no depósito há várias folhas de zinco retangulares, e como a confecção de cada lata tem que ter o fundo em forma de um hexágono, logo, João deve dividir cada folha retangular em n triângulos isósceles. Ele notou que quando as medidas dos lados, da folha, são expressas por números ímpares, há muito desperdício: tanto em sobra de material das folhas de zinco como nos arredondamentos das medidas dos triângulos isósceles; haja vista que se a base do triângulo isósceles for um número ímpar, a altura do triângulo divide a base em dois números fracionários. Pergunta-se: qual deve ser as medidas, em números naturais, dos lados de cada folha de zinco e em quantos triângulos isósceles João deve dividir cada folha retangular, a fim de que não haja nenhum desperdício em nenhuma encomenda atendida?

Resolução:

Como a folha de zinco é retangular e vai ser dividida em triângulos isósceles de tal maneira que não sobre nenhum espaço vazio na folha de zinco, logo, a folha deve ser dividida em 4 triângulos isósceles, iguais dois a dois, conforme a figura a seguir.

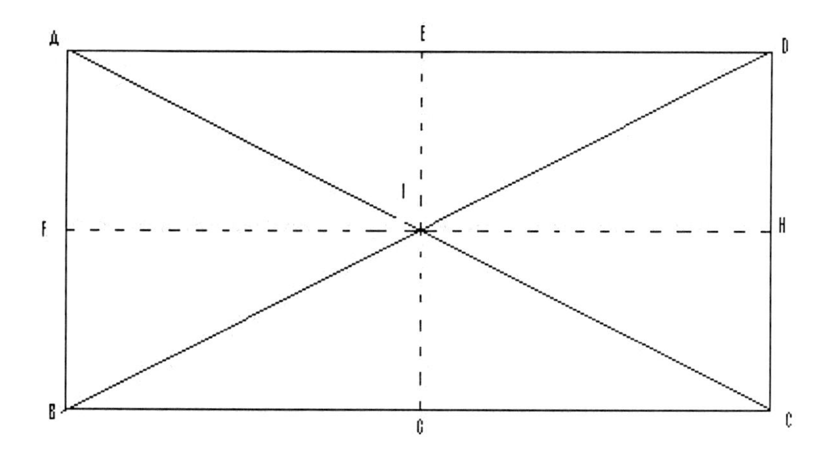

O retângulo é: abcd. Os quatro triângulos isósceles iguais dois a dois são: aid = bic e aib = dic. Já que a base de cada triângulo isósceles vai ser dividida em duas partes iguais, cada parte é um triângulo retângulo, com medidas expressas em números inteiros, então, a base de cada triângulo isósceles deve ser um número par. Portanto as medidas dos lados, de cada folha de zinco, devem ser expressas por um número par.

Exemplos

1. Suponha que sejam feitas duas encomendas: uma, de duas latas com a base do triângulo isósceles 6cm e a outra, de duas latas com a base do triângulo isósceles 8cm. Pergunta-se: a fim de que não haja desperdício, qual a dimensão da folha de zinco que João irá usar para atender as duas encomendas?

   Resolução:

   Como uma folha de zinco pode ser dividida em 4 triângulos isósceles iguais dois a dois, e a base de um deles ab = cd = 6cm e a do outro é bc = ad = 8cm, logo, a dimensão da folha de zinco deve ser 6cm x 8cm. A altura do triângulo isósceles, cuja base é 6cm, divide-o em dois triângulos retângulos cada um com cateto menor af = bh = 3cm. Já que 3 é um primo, logo, só existe um triângulo isósceles com as medidas números inteiros (reveja as parte i). Os valores de "c" e "b" são dados, respectivamente, por:

   $$c = \frac{3^2 + 1}{2} = 5 \text{ e } b = 5 - 1 = 4$$

Como c = 5 e b = 4, logo, lados iguais = 5cm e altura = 4

1º triângulo isósceles

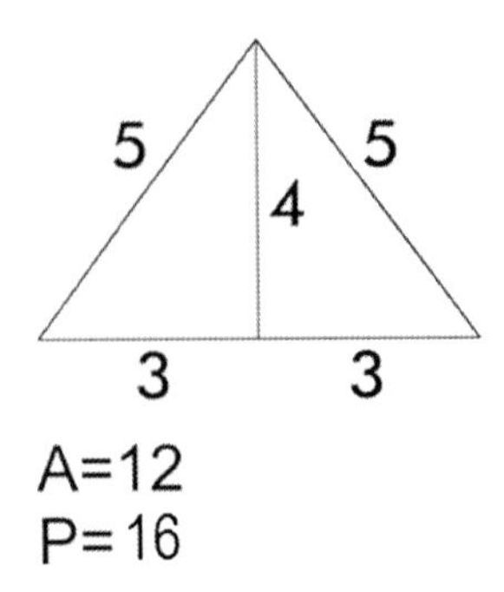

Como são dois triângulos isósceles com base igual a 6cm, logo, o 2º triângulo isósceles tem as mesmas dimensões do 1º. Como a base de cada um dos outros dois triângulos isósceles ad = bc = 8cm, logo, a altura divide a base de cada um em dois triângulos retângulos, cada um com cateto maior de = cg = 4cm, cateto menor (altura) = 3cm e hipotenusa = 5cm.

2º triângulo isósceles

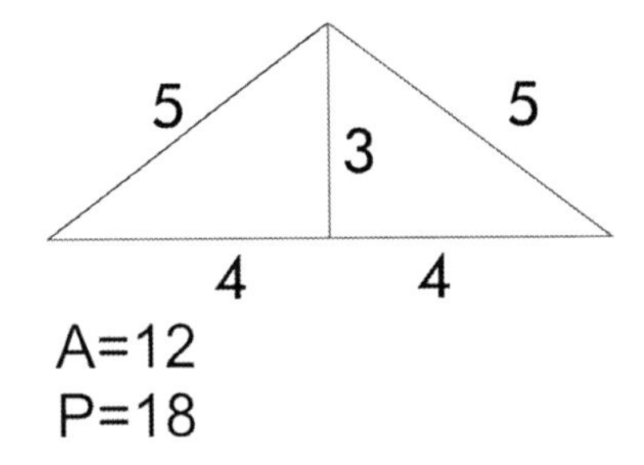

Como são dois triângulos isósceles com base igual a 8cm, logo, o 4º triângulo isósceles tem as mesmas dimensões do 3º. Note que as áreas dos triângulos isósceles são iguais a $12cm^2$, mas os perímetros são diferentes, ou seja, o 1º e 2º triângulos isósceles têm perímetros iguais a 16m, enquanto o 3º e 4º, 18cm. Usando os 1º e 2º triângulos isósceles para as bases das latas, há uma economia de 2cm linear de material em cada triângulo isósceles, ou seja, 18cm – 16m. Como num hexágono há 6 triângulos isósceles, logo, para cada caixa há uma economia de 12cm linear de material. Deve-se notar que à medida que a base cresce a economia de material também cresce.

PRODUTO NOTÁVEL VERSUS VIDA REAL DO ALUNO

Há, no blog de autoria do professor Edigley Alexandre[2] concernente à seguinte pergunta feita por um de seus alunos:

"Professor, existe um jeito fácil de estudar Matemática?"

Após comentar sobre a pergunta do aluno, o professor Edigley faz a seguinte pergunta:

"Se você perguntar para um aluno do 8º ano como calcular o valor de $1984^2 - 1983^2$, qual a primeira coisa que ele irá fazer?"

1. Calcular as potências, depois subtrair os resultados? (De tanto repetir cálculos de potência ele acerta a questão, porém gastando certo tempo)
2. Lembrar que $a^2 - b^2 = (a + b) + (a - b)$? Pura memorização!

Para que serve realmente o produto notável?

Elaborou-se dois flagrantes da vida real, relacionados com o produto notável, para serem resolvidos pelo teorema de Sebá, o qual se encontra no apêndice a. Para entender a resolução dos dois flagrantes, tem que primeiro ler e entender a demonstração do teorema.

FLAGRANTE DA VIDA REAL I

O Sr. Manoel tem um terreno com dimensão 10x13m e deseja construir uma casa com um depósito, internamente, anexo a casa para os trabalhadores guardarem seus instrumentos de trabalho; a área que sobrar será utilizada na criação de galinhas. Se ele deseja que a diferença entre a área da casa e a área do depósito seja $91m^2$, pergunta-se:

a. Quantos metros quadrados têm as áreas do depósito e da casa?
b. Quantos metros quadrados sobram dos $130m^2$?

[2] Disponível em: https://www.prof-edigleyalexandre. Acesso em: 19 mar. 2020.

Resolução

Os divisores de 91, tal que $1 \leq k^2 < 91$, são: 1 e 7. De acordo com essas fórmulas deduzidas, temos: para k = 1.

$$x = \frac{91+1}{2x1} = 46 \text{ e } y = 46 - 1 = 45$$

$$91 = 46^2 - 45^2$$

$$46^2 = 2116m^2 \text{ e } 45^2 = 2025m^2$$

Essa solução só tem sentido matemático, haja vista que a dimensão do terreno do Sr. Manoel é 10m x 13m, ou seja, 130m² e a dimensão do depósito é 45m x 45m, ou seja, 2025m². Para k = 7:

$$x = \frac{91+7^2}{2x7} = 10 \text{ e } y = 10 - 7 = 391 = 10^2 - 3^2$$

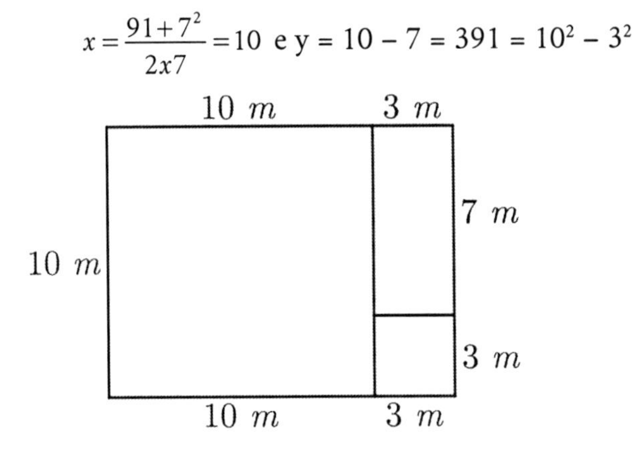

$$10^2 = 100m^2 \text{ e } 3^2 = 9m^2$$

Portanto:

a. A área do depósito tem 9m² e a da casa tem 100m²
b. Sobraram 21m².

FLAGRANTE DA VIDA REAL II

José possui um terreno retangular cujas medidas são $60m$ x $110m$ e quer dividi-lo em lotes menores. Quer separar um lote de xm^2 para o cultivo de hortaliças e o restante quer dividi-lo em outros dois lotes quadrados para criar animais, de tal modo que a diferença entre esses dois lotes seja igual a $105m^2$. Pergunta-se:

a. Em quantas formas diferentes José pode dividir a parte de seu terreno destinada à criação de animais, obedecendo a suas exigências?
b. Quais as medidas de cada lote?
c. Quanto sobra de área do terreno para o cultivo de hortaliças para cada uma dessas situações?

Resolução:

José quer dividir seu terreno em lotes menores seguindo uma lei Matemática um tanto incomum. Podemos imaginar que José, no mínimo, é apreciador da Matemática. Os divisores de 105, tal que $1 \leq k^2 < 105$, são: 1, 3, 5 e 7. De acordo com essas fórmulas deduzidas, temos: para $k = 1$ e $i = 105$.

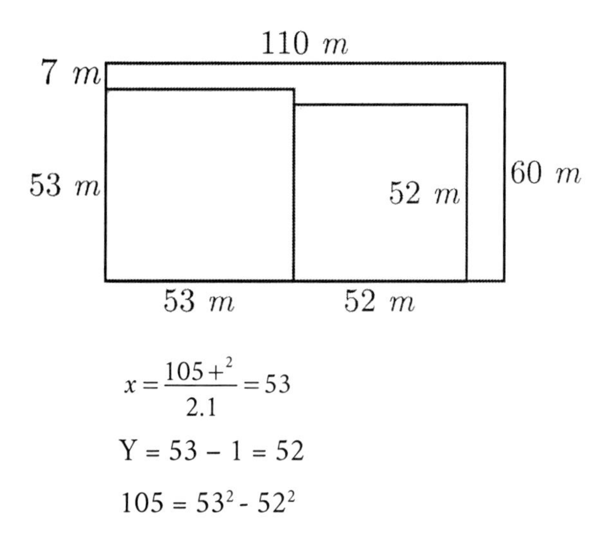

$$x = \frac{105 +^2}{2.1} = 53$$

$$Y = 53 - 1 = 52$$

$$105 = 53^2 - 52^2$$

Forma 1

Para $k = 3$ e $i = 105$:

$$x = \frac{105 + 3^2}{2.3} = 19$$

$$Y = 19 - 3 = 16$$

$$105 = 19^2 - 16^2$$

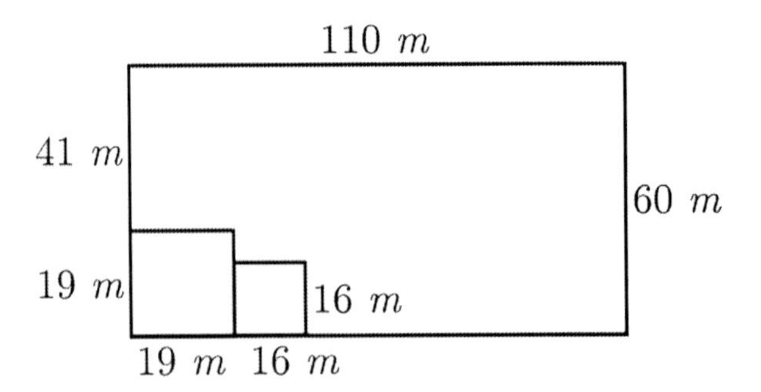

Forma 2

Para $k = 5$ e $i = 105$

$$x = \frac{105 + 5^2}{2.5} = 13$$

$$Y = 13 - 5 = 8$$

$$105 = 13^2 - 8^2$$

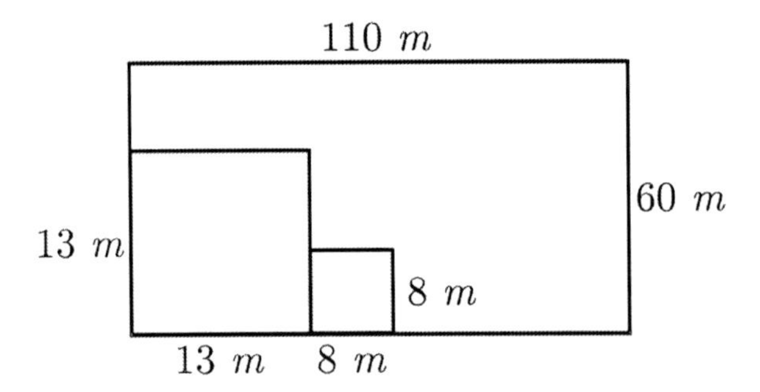

Forma 3

Para $k = 7$ e $i = 105$:

$$x = \frac{105 + 7^2}{2.7} = 11$$

$$Y = 11 - 7 = 4$$

$$105 = 11^2 - 4^2$$

Forma 4

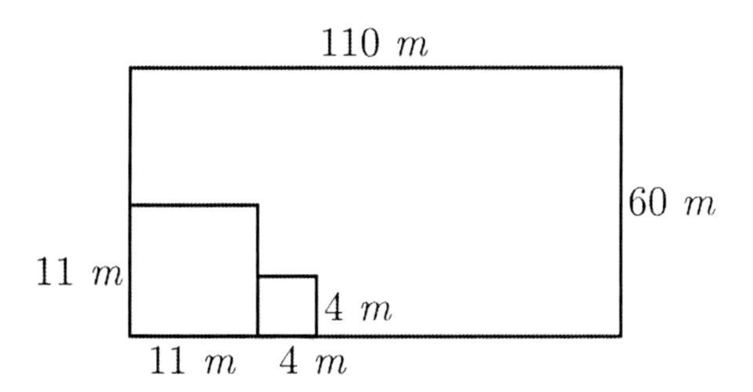

Respostas:

a. José pode separar o terreno em quatro formas distintas.

b. As medidas dos lotes são:

Forma 1
Lote 1 possui 53m x 53m = 2.809m²
Lote 2 possui 52m x 52m = 2.704m²

Forma 2
Lote 1 possui 19m x 19m = 361m²
Lote 2 possui 16m x 16m = 256m²

Forma 3
Lote 1 possui 13m x 13m = 169m²
Lote 2 possui 8m x 8m = 64m²

Forma 4
Lote 1 possui 11m x 11m = 121m²
Lote 2 possui 4m x 4m = 16m²

c. O terreno de José possui medidas de 60m x 110m = 6.600m². Sendo assim, ao dividi-lo em lotes conforme as formas encontradas em b temos que as áreas que sobram para o cultivo de hortaliças será:

Para a forma 1
6600 – (2809 + 2704) = 1087m²

Para a forma 2
6600 – (361 + 256) = 5983m²

Para a forma 3
$6600 - (169 + 64) = 6367m^2$

Para a forma 4
$6600 - (121 + 16) = 6463m^2$

Vemos que existem 4 formas diferentes de dividir o terreno em lotes, de modo a atender as exigências de José. Sendo assim, ele terá que decidir qual das quatro configurações é a melhor para aplicar em sua realidade.

APÊNDICES

APÊNDICE A – TEOREMA DE SEBÁ VERSUS TEOREMA EM TEORIA DOS NÚMEROS

O teorema a seguir foi extraído de um livro de teoria dos números.

Teorema 1

Um número inteiro n pode ser escrito como a diferença de dois quadrados de inteiros, $n = x^2 - y^2$, se e somente se n é ímpar ou múltiplo de 4.

Demonstração do mesmo livro

Uma forma direta de obter a representação de n como diferença de dois quadrados é a seguinte:

Se n é múltiplo de 4:

$$n = 4k = (k+1)^2 - (k-1)^2$$

Se n é ímpar:

$$n = 2k + 1 = (k+1)^2 - k^2$$

Teorema de Sebá

Todo número ímpar (i), maior que a unidade, pode ser escrito como diferença de dois quadrados de inteiros: $i = x^2 - y^2$, de uma ou mais maneiras diferentes, por meio das duas equações:

$$x = \frac{1 + k^2}{2k} \quad \text{e} \quad y = x - k$$

Em que k são os divisores de i, tal que $1 \leq k^2 < i$.

Demonstração

Como $i = x^2 - y^2$, logo:

$$x + y = \frac{1 + k^2}{x - y}$$

Como x e y são inteiros positivos, logo, $x - y$ são os divisores de i.

Se $x - y = k$, então:

$$x + y = \frac{1}{k}$$

Temos o seguinte sistema de equações:

$$\begin{cases} x - y = k \\ x + y = \dfrac{1}{k} \end{cases}$$

Resolvendo-o, obtém-se:

$$x = \frac{1 + k^2}{2k} \quad \text{e} \quad y = x - y$$

Note que se $k^2 \geq i$, implica $x - k \leq 0$, logo,

$$1 \leq k^2 < i.$$

Exemplo 1

De quantas maneiras diferentes pode-se escrever $121 = x^2 - y^2$?

Os divisores de 121, tal que $1 \leq k^2 < 121$, é: 1. Logo, pode-se escrever $121 = x^2 - y^2$ de uma única maneira. Para $k = 1$ e $i = 121$:

$$x = \frac{121 + 1^2}{2 \cdot 1} = 61 \quad \text{e} \quad y = 61 - 1 = 60$$

Assim:

$$121 = 61^2 - 60^2$$

Caso escolhêssemos $k = 11$, teríamos $k^2 = 11^2 = 121 = i$, e obter-se-ia:

$$x = \frac{121 + 11^2}{2 \cdot 11} = 11 \quad \text{e} \quad y = 11\text{-}11 = 0$$

Exemplo

De quantas maneiras diferentes pode-se escrever o primo $13 = x^2 - y^2$?

O divisor de 13, tal que $1 \leq k^2 < 13$, é: 1. Logo, pode-se escrever $13 = x^2 - y^2$ de uma única maneira como diferença de dois quadrados.

Para $k = 1$ e $i = 13$:

$$x = \frac{13 + 1^2}{2 \cdot 1} = 7 \text{ e } y = 7 - 1 = 6$$

Assim:

$$13 = 7^2 - 6^2$$

Exemplo 3

De quantas maneiras diferentes pode-se escrever $117 = x^2 - y^2$? Os divisores de 117, tal que $1 \leq k^2 < 117$, são: 1, 3 e 9. Logo, temos três maneiras diferentes de escrever 117 como diferença de dois quadrados.

Modo 1

Para $k = 1$ e $i = 117$:

$$x = \frac{117 + 1^2}{2 \cdot 1} = 59 \text{ e } y = 59 - 1 = 58$$

Assim:

$$117 = 59^2 - 58^2$$

Modo 2

Para $k = 3$ e $i = 117$:

$$x = \frac{117 + 3^2}{2 \cdot 3} = 21 \text{ e } y = 21 - 3 = 18$$

Logo:

$$117 = 21^2 - 18^2$$

Modo 3

Para $k = 9$ e $i = 117$:

$$x = \frac{117 + 9^2}{2 \cdot 9} = 11 \text{ e } y = 11 - 9 = 2$$

Assim:

$$117 = 11^2 - 2^2$$

Caso escolhêssemos $k = 13$, teríamos $k^2 = 13^2 = 169 > 117$, e obter-se-ia:

$$x = \frac{117 + 13^2}{2 \cdot 13} = 11 \text{ e } 11 - 13 = -2 \text{ (negativo)}$$

Pelo teorema extraído de um livro de teoria dos números: se n é ímpar:

$$n = 2k + 1 = (k+1)^2 - k^2$$

Se $n = 117$, $k = 58$, logo:

$$117 = (58+1)^2 - 58^2 = 59^2 - 58^2$$

Conclusão

Pelo teorema extraído de um livro de teoria dos números, 117 só poderia ser escrito de uma única maneira como diferença de dois quadrados; já pelo *teorema de Sebá,* o número 117 pode ser escrito de três maneiras diferentes como diferença de dois quadrados:

$$117 = 11^2 - 2^2 = 21^2 - 18^2 = 59^2 - 18^2$$

APÊNDICE B – COMO EXTRAIR A RAIZ QUADRADA DE UM NÚMERO QUADRADO PERFEITO SEM USAR O MÉTODO TRADICIONAL DA FATORAÇÃO

Em Matemática Rio, vlog do professor Rafael Procópio disponível no YouTube[3], é apresentada uma maneira rápida para extrair a raiz quadrada de um número quadrado perfeito. Só que o professor Rafael Procópio não apresenta nem mesmo um problema relacionado com a vida real do leitor (ou aluno), ou seja, não contextualiza o conteúdo com a vida do aluno. Para extrair a raiz quadrada de um número quadrado perfeito são necessários três passos, os quais são:

1º passo: descobrir qual o algarismo das unidades da raiz quadrada; ao descobrir o algarismo das unidades da raiz quadrada, passa-se para o 2º passo;

2º passo: elimina-se, da direita para a esquerda, o segundo algarismo do número do radicando. Terminado o segundo passo, passa-se para o terceiro passo;

[3] Disponível em: https://www.youtube.com/channel/UCjIPRjJZtGhzWD2LrEKOHMA. Acesso em: 19 mar. 2020.

3º passo: como no primeiro passo foi descoberto o algarismo das unidades da raiz quadrada e foi eliminado o segundo algarismo da direita para a esquerda do número do radicando, logo, se o número do radicando tiver três algarismos, só resta um algarismo para ser analisado. Esse algarismo vai determinar o algarismo das dezenas; se o número do radicando tiver quatro algarismos só restam dois algarismos para serem analisados. Esses dois algarismos vão determinar o algarismo das dezenas. E assim por diante. Vejamos alguns exemplos:

1. Sabendo-se que 576 é um quadrado perfeito, pergunta-se: qual a sua raiz quadrada?

RESOLUÇÃO SEM USAR O MÉTODO TRADICIONAL

1º passo: como o último algarismo do número 576 é um 6, logo, o algarismo das unidades da raiz quadrada de 576, só pode ser: 4 ou 6, haja vista que tanto 4^2 como 6^2 terminam em 6;

2º passo: eliminemos o 7 do número 576, haja vista que é o segundo algarismo da direita para a esquerda;

3º passo: como o número do radicando tem três algarismos, só resta o 5. Por meio do 5 vamos determinar o algarismo das dezenas da raiz quadrada de 576. Qual é o menor número que elevado ao quadrado é próximo de 5 por falta? Só pode ser o 2, haja vista que $2^2 = 4$. Logo, 2 é o algarismo das dezenas da raiz quadrada de 576. Portanto já sabemos que a raiz quadrada do número 576 é 24 ou 26. Como o sucessor de 2, é 3, logo, 2*3 = 6. Como 5 < 6, e 24 < 26, logo, vamos escolher para a raiz quadrada de 576 o menor número que é 24. Portanto a raiz quadrada de 576 é 24, ou seja, $\sqrt{576} = 24$.

RESOLUÇÃO USANDO O MÉTODO TRADICIONAL:

Fatorando 576 obtém-se: 576 = 2.2.2.2.2.2.3.3 = $2^2.2^2.2^2.3^2$. Portanto $\sqrt{576} = \sqrt{2^2.2^2.2^2.3^2} = 2.2.2.3 = 24$

2. Sabendo-se que 1849 é um quadrado perfeito, pergunta-se: qual a sua raiz quadrada?

Resolução:

1º passo: como o último algarismo do número 1849 é um 9, logo, o algarismo das unidades da raiz quadrada de 1849, só pode ser: 3 ou 7, haja vista que tanto 3^2 como 7^2 terminam em 9;

2º passo: eliminemos o 4 do número 1849, haja vista que é o segundo algarismo da direita para a esquerda;

3º passo: como o número do radicando tem quatro algarismos, só resta 18. Por meio do 18, vamos determinar o algarismo das dezenas da raiz quadrada de 1849. Qual é o menor número que elevado ao quadrado é próximo de 18 por falta? Só pode ser o 4, haja vista que $4^2 = 16$. Logo, 4 é o algarismo das dezenas da raiz quadrada de 1849. Portanto já sabemos que a raiz quadrada do número 1849 é 43 ou 47. Como o sucessor de 4, é 5, logo, 4*5 = 20. Como 18 < 20, e 43 < 47, logo, vamos escolher para a raiz quadrada de 1849 o menor número que é 43. Portanto a raiz quadrada de 1849 é 43, ou seja, $\sqrt{1849} = 43$. Problemas relacionados com o Teorema de Pitágoras já caíram em olimpíadas, Enem, vestibulares etc. Vejamos um deles:

3. Os três lados (a < b < c) de um triângulo retângulo são expressos em números inteiros; se o cateto menor (a) mede 18cm e o maior (b) mede 80cm, pergunta-se: qual a medida da hipotenusa (c)?

   Resolução:

   O enunciado do Teorema de Pitágoras é: o quadrado da hipotenusa é igual à soma dos quadrados dos catetos. Portanto:

$$c^2 = a^2 + b^2$$
$$c^2 = 18^2 + 80^2 = 324 + 6400$$
$$c^2 = 6724$$
$$c = \sqrt{6724}$$

   Se as medidas dos três lados, de um triângulo retângulo, são números inteiros, então, a medida da hipotenusa também é um número inteiro e, conseguintemente, 6724 é um quadrado perfeito. Vamos usar os três passos para encontrar a raiz quadrada de 6724.

   1º passo: como o último algarismo do número 6724 é um 4, logo, o algarismo das unidades da raiz quadrada de 6724, só pode ser: 2 ou 8, haja vista que tanto 2^2 como 8^2 terminam em 4;

2º passo: eliminemos o 2 do número 6724, haja vista que é o segundo algarismo da direita para a esquerda;

3º passo: como o número do radicando tem quatro algarismos, só resta 67. Por meio do 67, vamos determinar o algarismo das dezenas da raiz quadrada de 6724. Qual é o menor número que elevado ao quadrado é próximo de 67 por falta? Só pode ser 8, haja vista que $8^2 = 64$. Logo, 8 é o algarismo das dezenas da raiz quadrada de 6724. Portanto já sabemos que a raiz quadrada do número 6724 é 82 ou 88. Como o sucessor de 8, é 9, logo, 8*9 = 72. Como 67 < 72, e 82 < 88, logo, vamos escolher para a raiz quadrada de 6724 o menor número que é 82. Portanto a raiz quadrada de 6724 é 82, ou seja, $\sqrt{6724} = 82 . 82^2 = 6724$. Resposta: medida da hipotenusa é 82cm.

Vejamos outro problema relacionado com o Teorema de Pitágoras que caiu na olimpíada da Obmep:

4. Os três lados (a < b < c) de um triângulo retângulo são expressos em números inteiros; se o cateto menor (a) mede 40cm e o maior (b) mede 42cm, pergunta-se: qual a medida da hipotenusa (c)?

Resolução

$$c^2 = a^2 + b^2$$

$$c^2 = 40^2 + 42^2 = 1600 + 1764$$

$$c^2 = 3364$$

$$c = \sqrt{3364}$$

Se as medidas dos três lados, de um triângulo retângulo, são números inteiros, então, a medida da hipotenusa também é um número inteiro e, conseguintemente, 6724 é um quadrado perfeito.

Vamos usar os três passos para encontrar a raiz quadrada de 3364.

1º passo: como o último algarismo do número 3364 é um 4, logo, o algarismo das unidades da raiz quadrada de 3364, só pode ser: 2 ou 8, haja vista que tanto 2^2 como 8^2 terminam em 4;

2º passo: eliminemos o 6 do número 3364, haja vista que é o segundo algarismo da direita para a esquerda;

3º passo: como o número do radicando tem quatro algarismos, só resta 33. Por meio do 33, vamos determinar o algarismo das dezenas da raiz quadrada de 3364. Qual é o menor número que elevado ao quadrado é próximo de 33 por falta? Só pode ser 5, haja vista que $5^2 = 25$. Logo, 5 é o algarismo das dezenas da raiz quadrada de 3364. Portanto já sabemos que a raiz quadrada do número 3364 é 52 ou 58. Como o sucessor de 5, é 6, logo, 5*6 = 30. Como 33 >30 e 58 > 52, logo, vamos escolher para a raiz quadrada de 3364 o maior número que é 58. Portanto a raiz quadrada de 3364 é 58, ou seja:

$$\sqrt{3364} = 58.$$

Resposta: a medida da hipotenusa é 58cm.

CONCLUSÃO

Para que ensinar, no ensino fundamental, a extração de raiz quadrada, somente pelo fato de esse assunto fazer parte do currículo do ministério da educação? Para mim é coisa que, isolada, não significa absolutamente nada. Pior: atrapalha a carreira de muitos jovens. Como podemos esperar algum resultado do ensino da Matemática, se cujas ementas não mencionam aplicações? Ou será que o que consta nas ementas é apenas para ser cobrado nas provas?

Como seria estimulante, para todos os alunos, se o professor mostrasse o quanto é poderoso e fundamental aquilo que estão aprendendo! A Matemática deve ser lecionada no ensino fundamental como algo útil para o aluno e não como informação exclusiva a ser cobrada em provas e exames finais. Pois, embora não pareça, aquelas aulas sofridas sobre extração de raiz quadrada, há vários anos, em que o professor me mostrava conhecimentos em Matemática em vez de aplicá-los. Onde poderia e deveria aplicar a extração da raiz quadrada nas minhas necessidades do dia a dia. Só assim o ensino da Matemática do ensino fundamental cumpriria de fato o seu papel, que é o de preparar o aluno para a vida.

APÊNDICE C – A MODELAGEM DA EQUAÇÃO DO SEGUNDO GRAU NUM PROBLEMA DA AGRICULTURA

Como encontrar a equação $\mathbf{t = -4x^2 + 640x}$ usando o que foi visto pelo aluno quando estudou a equação do 1º grau?

Sejam:

NLP = número de laranjeiras plantadas

NLC = número de laranjas colhidas por laranjeiras

TLC = total de laranjas colhidas

Se o total de laranjeiras plantadas for 60, o número de laranjas colhidas será 400; se o total de laranjeiras plantadas for 61, o número de laranjas será 396 (400 – 4). Em resumo temos:

NLP	NLC
60	400
61	396

Como dois pontos determinam uma reta, logo: (60, 400) e (61, 396). Com os dois pontos obtém-se o seguinte sistema de equações:

$$60a + b = 400$$

$$61a + b = 396$$

Resolvendo esse sistema de equações lineares, obtém-se: **a = – 4 e b = 640**. A equação correspondente ao número de laranjas colhidas (NLC) em função do número de laranjeiras plantadas (NLP) é:

$$NLC = -4NLP + 640 \text{ (eq. 1)}$$

Verificação:

Substituindo na equação 1, NLP = 60, obtém-se:

$$NLC = 400$$

Como o total de laranjas colhidas é igual ao número de laranjeiras plantadas vezes o número de laranjas colhidas por laranjeira., logo, multiplicando ambos os membros da equação 1 por NLP, obtém-se:

$$NLP.NLC.= -4NLP.NLP + 640NLP \text{ ou } NLP.NLC.= -4\,(NLP)^2 + 640NLP \text{ (eq. 2)}$$

Como NLP.NLC = t, logo, substituindo t por NLP.NLC na equação 2, obtém-se:

$$T\,(NLP) = -4\,(NLP)^2 + 640NLP \text{ (eq. 3)}$$

E finalmente, substituindo na equação 3 NLP por x, obtém-se:

$$T\,(x).= -4x^2 + 6400x$$

REFERÊNCIAS

BASTOS, Joana Pereira. Esqueçam tudo o que aprenderam na escola sobre Matemática. **Escola Inteligência**. Disponível em: https://escoladainteligencia.com.br/esquecam-tudo-o-que-aprenderam-na-escola-sobre-matematica/. Acesso em: 19 mar. 2020.

NASCIMENTO, Sebastião vieira do. **Desvendando os segredos do triângulo retângulo e descobrindo curiosidades até hoje não conhecidas.** Rio de janeiro: Editora Gramma, 2018.

NASCIMENTO, Sebastião vieira do. **Como reduzir os custos de material nas atividades do cotidiano usando os ternos pitagóricos ou a equação do segundo grau.** Lisboa: Chiado Editora, 2016.

NASCIMENTO, Sebastião vieira do. **A Matemática do ensino fundamental e médio aplicada à vida.** Rio de janeiro: Editora Ciência Moderna, 2011.

NASCIMENTO, Sebastião vieira do. **Desvendando os segredos dos problemas da Matemática e descobrindo o caminho para resolvê-los.** Rio de janeiro: Editora Ciência Moderna, 2008.

ANEXO – "ESQUEÇAM TUDO O QUE APRENDERAM NA ESCOLA SOBRE MATEMÁTICA"[4]

Edward Frenkel, um dos maiores matemáticos da atualidade, lamenta que as escolas continuem a ensinar Matemática como se a Terra fosse plana. O autor de *Amor e Matemática*, um bestseller nos Estados Unidos, esteve domingo em Portugal para uma palestra na Universidade de Lisboa, onde defendeu que é urgente uma revolução no ensino. O matemático russo, atualmente a viver nos Estados Unidos, corre o mundo para revelar como a Matemática está a invadir as nossas vidas e está por trás de tudo. Até da crise econômica

Muitas pessoas, de diferentes gerações, dizem que odeiam Matemática. Por que razão acha que isso acontece? Muita gente tem uma relação traumática com a Matemática. Uma das razões tem a ver com o fato de o ensino da Matemática, tal como é feito na grande maioria das escolas, dar demasiado ênfase à resposta. Em vez de se encorajar os nossos alunos a serem curiosos e a procurarem a resposta, nós exigimos que eles a deem. O ensino baseia-se quase exclusivamente em testes e em ver em quem é mais rápido a encontrar a resposta. E muitos sentem-se embaraçados e inferiores porque não conseguem fazê-lo. Essa dor fica. Até podem depois não se lembrar do incidente concreto, mas o trauma ficou lá. Por outro lado, a escola não expõe os alunos à verdadeira beleza da Matemática.

Por quê?

A maioria dos conteúdos que são ensinados nas aulas de Matemática tem mais de mil anos e isso é verdadeiramente escandaloso e seria impensável numa aula de Ciências. Era o mesmo que continuarmos a ensinar às crianças que a Terra é plana ou que é o Sol que gira à volta dela. Obviamente esses conteúdos foram atualizados. Nas aulas de Literatura passa-se o mesmo. Os alunos não leem apenas Homero, apesar de Homero ser muito importante para a Literatura ocidental. Também leem literatura mais moderna. Então por que razão nas aulas de Geometria só se ensina Euclides, que tem

[4] BASTOS, Joana Pereira. Esqueçam tudo o que aprenderam na escola sobre Matemática. **Escola Inteligência**. Disponível em: https://escoladainteligencia.com.br/esquecam-tudo-o-que-aprenderam-na-escola-sobre-matematica/. Acesso em: 19 mar. 2020.

2300 anos? Não faz sentido. Continuamos a repetir fórmulas antigas, sem estabelecer nenhuma ponte com o mundo atual.

Para a maioria das pessoas, a Matemática parece demasiado abstrata, sem aplicação prática... Porque infelizmente são ensinadas dessa forma. Mas toda a tecnologia que está cada vez mais presente nas nossas vidas – computadores, internet, smartphones, videojogos... – tudo isso se baseia na Matemática. Por trás de todas as redes sociais ou dos sites que fazem vendas online estão algoritmos muito sofisticados. É como se fossemos escravos desses algoritmos. Por isso, é fundamental que os compreendamos para não sermos manipulados por eles.

O que tem então de mudar no ensino?

É preciso uma revolução. Temos de preservar o sentido de mistério e de descoberta que existe na Matemática e apresentá-la às crianças quase como um romance policial. E tem de haver paixão por parte dos professores. Eles próprios têm de amar a Matemática. Além disso, é fundamental mudar o currículo, para incluir conteúdos mais modernos e relacioná-los com o mundo real.

Em primeiro lugar, esqueçam tudo o que aprenderam na escola sobre Matemática. Quase tudo o que vos disseram é mentira. Não é Matemática. Imaginem uma disciplina de arte em que apenas se ensina como pintar paredes e onde nunca se fala dos grandes mestres como Picasso, nem se incentivam os alunos a ir ver museus. Claro que os miúdos vão odiar e achar que é muito aborrecido. Mas na verdade o que eles estão a odiar é a pintura de paredes, não a arte. É o que acontece com a Matemática. 99% das pessoas estão privadas de mil anos de conhecimento essencial e isso é dramático. Nesse momento, querer aprender Matemática não é uma questão de escolha. É uma questão de necessidade porque a Matemática está, literalmente, a invadir as nossas vidas e nós colocamo-nos em risco ao sermos ignorantes.

Em que sentido?

A Matemática é muito poderosa, mas esse poder pode ser usado para maus fins. Um bom exemplo é a crise econômica. Os modelos matemáticos fazem parte da calamidade que aconteceu. A culpa não é dos modelos em si, mas das pessoas que os usaram mal. Nos mercados financeiros e em Wall Street usaram sistematicamente modelos matemáticos desadequados porque não quiseram saber do risco, nem se interessaram em perceber verdadeiramente como é que esses modelos funcionam. Os banqueiros e o mundo financeiro exploraram a nossa ignorância em relação à Matemática. Bastaria um conhecimento rudimentar de Matemática para perceber que o esquema do Madoff era uma fraude. Mas ninguém questionou porque há uma ignorância geral. As pessoas não sabem e, pior do que isso, têm medo de perguntar. O mesmo está a acontecer em relação à tecnologia. E o perigo é ainda maior. Estamos a perder a nossa humanidade porque não percebemos como a tecnologia funciona e como podemos ficar viciados nela.

Está preocupado com o futuro?

Muito preocupado, mas não apenas com o futuro. Estou preocupado com o presente. Está em curso uma reestruturação profunda do mundo e da forma como interagimos uns com os outros e com a tecnologia e preocupa-me que as pessoas não estejam a prestar atenção ao que está a acontecer. A Amazon, por exemplo, faz-nos recomendações de livros e as pessoas seguem-nas, sem questionar. Não percebem que por trás disso há algoritmos que podem ser manipulados, tanto por questões financeiras, porque há empresas que pagam para os seus livros serem recomendados e para outros não aparecerem, como por razões políticas, ideológicas, para que sejam divulgadas certas ideias e não outras. Eu adoro a tecnologia desde que esteja ao serviço da humanidade. Mas torna-se perigosa quando está a ser usada de forma a reduzir as nossas interações humanas. Por exemplo, num futuro próximo, os drones vão usar um programa de reconhecimento facial para matar pessoas que foram identificadas como alvos. Muitos cientistas proeminentes defendem que esses sistemas sejam abolidos, mas eles continuam a ser desenvolvidos. É extraordinariamente perigoso porque todos os algoritmos podem ser manipulados. Se alguém substituir a lista de alvos por outra, pode fazê-lo. Já não é só ficção científica, é uma coisa que pode mesmo acontecer dentro de poucos anos. E, em minha opinião, a única forma de o impedirmos é despertarmos todos para essa nova realidade e passarmos a compreendê-la melhor. E isso passa pela Matemática.

Os computadores conseguirão substituir-nos em quase tudo?

O responsável pela investigação e desenvolvimento da inteligência artificial na Google, Raymond Kurzweil, disse publicamente que em 2045 todos vamos poder fazer upload dos nossos cérebros para a Cloud. Ele vive obcecado com essa ideia e tem todos os recursos da Google à disposição para trabalhar nisso e ninguém o confronta, ninguém sequer questiona. Mas isso é uma falácia. Um cérebro não é só um conjunto de neurônios. Há uma energia que está em movimento, não está localizada num ponto. Não é possível agarrar num humano e transformá-lo numa máquina. É como tentar captar a essência de um ser humano por meio de uma fotografia. Até mesmo na Matemática, há um elemento de imprevisibilidade, de espontaneidade, de pureza que transcende qualquer computador. Nenhuma descoberta matemática assenta apenas no pensamento racional. Há sempre outra parte – podemos chamar-lhe inspiração, insight, intuição, instinto que só existe em nós e que nenhuma máquina poderá reproduzir.